图解

养狗驯狗百科大全

一本通

樊乐翔／主编

沈阳出版发行集团

沈阳出版社

图书在版编目（CIP）数据

图解养狗驯狗百科大全一本通 / 樊乐翔主编 .
沈阳：沈阳出版社，2025.3. — ISBN 978-7-5716
-4730-8

Ⅰ . S829.2-64

中国国家版本馆 CIP 数据核字第 2025EY5603 号

出版发行：沈阳出版发行集团 | 沈阳出版社
　　　　　（地址：沈阳市沈河区南翰林路 10 号　邮编：110011）
网　　址：http://www.sycbs.com
印　　刷：北京飞达印刷有限责任公司
幅面尺寸：170mm×240mm
印　　张：13
字　　数：130 千字
出版时间：2025 年 3 月第 1 版
印刷时间：2025 年 3 月第 1 次印刷
责任编辑：杨　静　李　娜
封面设计：宋双成
版式设计：宋绿叶
责任校对：高玉君
责任监印：杨　旭

书　　号：ISBN 978-7-5716-4730-8
定　　价：49.00 元

联系电话：024—24112447　024—62564926
E—mail：sy24112447@163.com

前　言

　　现在，养狗成了一件时尚的事儿，城市的大街小巷、小区和公园里，人们或手牵狗，或怀抱狗，或肩扛狗，各式各样，俨然成了一道亮丽的风景。养条宠物犬，能缓解生活中的压力，能给快节奏的现代家庭生活带来乐趣，能给平静的生活增添一分温馨，能给孤独的老人带来生活的陪伴，可以说好处多多。

　　宠物犬作为人类最古老的伙伴之一，不仅有可爱的外表和温顺的性格，还对主人表现出极高的忠诚和服从，它们具有保护主人的本能，同时对其家人和其他动物也表现出友好和亲近的态度。这种忠诚和友好的性格使得宠物犬成为理想的家庭宠物。

　　许多人虽然非常喜欢宠物犬，但并不十分清楚怎样驯养，在驯养的过程中会遇到各种各样的问题，缺乏正确的驯养知识。根据这一状况，本书对宠物犬驯养中常见的一系列问题，从宠物犬的习性、品种、选择，到日常喂养、护理、调教、美容、繁殖，以及一般疾病的防治等，一一作了简明扼要的解答。与目前市场上同类书相比，本书针对性、可操作性更强，更切合家庭驯养宠物犬的实际，是一本非常实用的关于宠物犬驯养的参考书。本书力求内容丰富全面、语言通俗易懂，以帮助广大养狗爱好者养好爱犬，使其成为丰富主人业余生活、缓解主人生活压力、给家庭增添无限乐趣的好伙伴。

值得注意的是，书中介绍的个别名犬是国家禁止个人喂养的烈性犬，如果有特殊需要，要向有关部门申请，经批准后才能喂养。

目 录

第一章 养宠物犬基本知识

第二章 宠物犬的管理与饲养

第四章 宠物犬的调教与训练

第五章 宠物犬的繁殖与哺乳

第六章 防疫及常见病防治

第一章

养宠物犬基本知识

第一节 新手养宠物犬须知

1. 养宠物犬有哪些好处

（1）有利于身心健康

如今社会生活节奏日益加快，年轻人忙于工作，大多无暇陪伴闲居在家的老人，自然会使老人感到孤独和寂寞。如果老年人有一条温驯可人的宠物犬作伴，可减轻孤独感，甚至还可给行动不便者提供某些帮助。饲养宠物犬，不仅可以防止儿童发生性格孤僻，且对老年人也有稳定情绪、降低血压的作用。

（2）让家庭更温馨

很多人饲养宠物犬是为了陪伴，犬的善解人意、可爱举动在动物界中是独一无二的。养一条宠物犬，会给全家人带来无尽的乐趣，使家庭充满温馨、远离寂寞。有的人自己在外地工作，养一条宠物犬，把对亲人的思念寄托在爱犬身上，而爱犬

也的确给了莫大的心理慰藉。

（3）看家护院

自古以来，看家守夜就是犬的天职和本能，犬对贸然进入其领地的不速之客绝不会漠然视之，会充当人类维护社会治安的好帮手，甚至是家庭里无可替代的忠诚守护者。因此，犬在维护社会治安、保卫家庭安全方面能发挥巨大的作用。

（4）有助于人际交流

宠物犬不仅在家庭内部可以得到充分体现，而且在邻里之间，甚至当带犬外出活动时，有时即使遇到平日互不相识的人，也可能会因犬而相互攀谈起来，还有可能因此而结交为挚友。

2. 宠物犬有哪些习性

（1）具有强烈的责任心

宠物犬非常忠于职守，责任心强。宠物犬对于主人交给的任务，能想方设法完成。追捕猛禽凶兽，在边境线上巡逻的军犬，在各种复杂地形地貌中追捕罪犯的警犬，均能忠于职责、勇于牺牲。

（2）对主人忠贞不移

"子不嫌母丑，犬不嫌家贫"，宠物犬一旦被饲养，就会终日不离开我们，不论其主人富贵与贫穷、地位的高低，决不背叛。

（3）领域行为

宠物犬有维护全部或部分活动领域所有权的行为，这种保护活动范围的行为最初是针对同类动物的。犬通常以撒尿的形式做标记来表明自己的活动范围。这种领域行为有利于用犬来做警戒、护卫、看守一类工作。

（4）具有喜啃骨头的习性

我们经常发现犬独在一角津津有味地啃骨头。这是犬喜啃骨头的突出习性，常把骨头当食物吃，这和犬具有尖锐的牙齿、强有力的消化能力有关，因为犬的胃能分泌一种酸性较强的消化液，促使骨质内的钙溶解，便于吸收。

（5）生性好斗

宠物犬天性好斗，尤其是有些好斗品种，两只互不相识的公犬一旦相遇，就会相互虎视眈眈，拉出斗狠的架势。若双方打斗，则狠命撕咬，大有非置对方于死地不可的趋势。

重点提示

宠物犬喜爱生活在干燥、清洁、温度适宜的环境中，在窝内从不随意大小便，在睡觉之前，总爱在周围转一转。尤其是母犬，在将要产仔前 1～3 天，总会选择隐蔽、暗光、清洁干燥的地方，寻找干草、破布等做窝，为生育幼犬做准备。

3. 犬的寿命能有多长

宠物犬从出生到幼年，不久便进入青年，持续数年后，到衰老的时间非常短暂。其生命的持续时间因品种、环境、健康状态、卫生条件、发育和饲养管理的不同而有所不同。一般其寿命为 10～20 年。小型犬的寿命较长，可达到 18～20 年，大型犬寿命为 12～13 年。

正常情况下宠物犬的平均年龄为 12 岁左右，大多不超过 15 岁。犬在 2 岁时身体已经成熟，在 3～5 岁时，形体已完全长成，其身体结构已经达到完善程度，体力达到顶峰时期。到 7 ~ 8 岁时，犬已经缓慢地开始衰老，开始寻求安静环境并多眠，冬季喜待在阳光处。猎犬也不会像年轻时那样争强好斗。在衰老过程中，犬几乎都会出现耳聋、白内障、牙齿脱落及咀嚼困难。雄犬会因前列腺肥大而逐渐出现排尿障碍。

老龄犬身体健康的好坏，主要依赖于其在青年时期是否受到的良好保护及锻炼。如受过大量的训练、维持良好的卫生习惯、保持良好的喂养、避寒、定期的保健治疗，则老龄犬身体虚弱的程度就会明显减轻。

4. 如何识别宠物犬的情绪

宠物犬的表情变化很丰富，其喜怒哀乐可以通过全身肢体动作的变化毫不掩饰地表现出来。掌握好犬的情绪变化对于饲养、管理和训练都很重要。犬常见感情和意愿的表达方式有以下几种。

（1）高兴：当犬高兴时，其尾巴使劲摆动，两耳向后方扭动，身体向高处跳跃。有的犬常抬起前腿拥抱我们；有的去舔我们的手和脸；有的犬在高兴时还发出欢快的吠叫声。

（2）愉快：当犬的心情愉快时，身体会轻松地站立，目光温柔，耳朵向后扭动，身体柔和地扭曲，尾巴会轻轻地左右摆动。

（3）期待：当犬尾巴垂直，身体站立，两眼直视我们时，表达出其期待的心情；当犬尾巴举起摆动，耳朵竖起，身体呈高兴和鞠躬状或伸出前爪时，多是期待我们与之玩耍的表现。

（4）服从：犬尾巴悬起或竖立摆动，头部垂下，耳朵靠拢，躯体低沉、无精打采，表示主动服从；犬卧在地上，尾巴平放，耳朵靠拢地面，并咧嘴"傻笑"，打滚时胆怯地亮出腹部，表示被动服从。

（5）**恐惧**：当犬受到惊吓而感到恐惧时，则表现为浑身哆嗦、紧缩，尾巴夹在两腿中间，耳朵向下扭动，全身被毛紧贴身体，两眼无光，呆立不动或不断地后退。

（6）**哀愁**：当犬感到悲伤时，会流露出一副可怜的样子，其头低垂，两眼无光，尾巴自然下垂而不动，向我们靠拢并用祈求的目光望着我们或摩擦我们的身体。

（7）**警觉**：当犬处于高度警觉时，其身体常挺直地坐着，头部高举，两眼圆睁，耳朵竖起，全神贯注，不放过一点动静，面向声源处发出激烈的吠叫声。

（8）**愤怒**：当犬愤怒时，其尾巴陡伸直立，全身被毛竖起，耳朵直立，目光锐利，全副牙齿裸露，身体僵硬，四肢用力踏地，并不断发出"呜～呜～"的威胁声。

5. 怎样才能养好宠物犬

把宠物犬养好是每个养犬人的心愿，我们要做好以下几点：

（1）**做好准备**：在将犬带回家之前，要准备好犬舍及其他养犬用具，学习和了解一些有关犬的饲养管理知识。

（2）**调整心态**：把宠物犬当作伴侣和朋友，要进行耐心地饲养、护理和调教，不能对它喜怒无常，忽冷忽热。

（3）**掌握规律**：犬不具备人的智力，听不懂人的语言，犬只能通过记忆来进行学习。我们在训练时宠物犬要有耐心，要充分利用条件反射和非条件反射的关系，反复重复和强化一个口令或一个手势，以逐步帮助其建立起某种条件反射，宠物犬是一种动物，不能要求太高。

（4）**细心观察**：在饲养过程中，我们必须认真观察，了解所养犬的素质、特性、习性，以便根据其特点进行调教。

（5）**奖罚适时**：对犬的奖励和惩罚要适当、适时，不可过度惩罚，以免造成伤害。赏罚得当并且适时，对训练和塑造犬都会事半功倍。

6. 怎样准备犬舍

宠物犬最好有专用的犬舍，城市住楼户可将犬养在室内或封闭起来的阳台上。高楼层住户要注意窗户的安全性，必要时应加防护网，以免犬从窗口意外跌落。室内不要留有犬可强钻进去的狭小缝隙，以免它被卡在里边。其他可能存在的各种不安全因素都要仔细分析并及时清除，比如要牢固地摆放易碎或易倒的物品、电器电线的位置要设置好等，不要让这些物品给犬造成安全隐患，也不给犬留下损坏它们的机会。

犬的寝具有犬窝、犬床和犬垫（棉垫窝），均要干净、干燥、舒适。有专用犬舍者要设置木制犬床，养于室内的犬要住在犬窝内。犬舍或放置犬卧具的地方，一定要保持干燥，光照太强则要有遮阳措施，通风要良好，但不能让风直接吹到犬身上，尤其要避免来自墙缝一类的细线状风的侵袭。

在楼房内养犬，适合用犬窝和犬垫。最简单实用的犬窝，可用大小适宜的木箱或纸箱制作。宠物用品商店里有形式多样的犬窝可供选购，但大多是供小型宠物犬使用的。

犬窝或犬笼的大小，以犬进去以后能够自由转身并平躺得下为宜。犬窝内应铺有柔软、平坦的垫子。犬垫可用棉垫或海绵垫，外面包以耐洗涤的布套，厚度要保证能产生足够的弹性和柔软感，其大小应与犬窝的底面一致。

犬床适用于有专用犬舍的地方，一般可用木板或木板条钉制，表面要平坦且不露钉尖。床高5厘米，可避免犬受潮、受凉并保持犬体清洁。

有条件的家庭，还可在客厅的角落里为犬另设一个类似于平台的简易寝具，甚至只放一张犬垫亦可。这样既可避免犬在白天躺卧到沙发上，又能适应犬爱跟人在一起的习性，而且当家里有客人来时，也能让其安静地卧在一边，以免打扰会客。

 7. 养犬需要哪些用具

必要的饲育设备和用品是指除了寝具以外的其他养犬用具和用品，还包括犬嘴套、颈圈、犬绳或铁链等，用于保定、拴系或牵引犬。

（1）颈圈：是套在犬脖子上用以连接牵引绳的环状带子。小型犬常用的颈圈为裤带式的皮带、布带或尼龙带，大型犬也可用特制的铁链环。颈圈要宽窄（粗细）适宜、松紧合适，随着犬的长大而不再合适时要更换。为避免磨断或揉皱颈部的被毛，长毛犬也可不用颈圈而使用可从两前肢间通过的肩带。

调教犬用的颈圈，可用较窄细一些的，大型犬用的调教颈圈甚至还可带有钉子，以加强刺激。

（2）**犬绳**：是连接在颈圈上便于牵引或拴系犬的绳子或锁链，视犬的体格大小，可选用粗细不同的尼龙绳、皮带或铁链等。

（3）**犬兜**：是一种适用于携带小型宠物犬的工具，有背囊式和提包式之分。当幼犬不便于行走或走累时，可将其装入犬兜中，像背婴儿或提物那样带上它。

（4）**犬嘴套**：是用来套住犬的嘴部以防犬咬人或啃物用的防护装置。一般用尼龙或皮条编制成网状嘴套，也可用布缝制成一个宽窄适宜的简状物，使用时套住犬的嘴部（包括嘴的上下颌），将缀于后部边缘两侧的带子拉到颈部背侧打结即可。

 8. 怎样给宠物犬准备玩具

犬天性爱动，喜欢啃咬、撕拽、衔住东西玩或往窝里拉，当家里没有可供它搬移的东西时，沙发垫、床罩甚至门框就成了它抓、啃的对象。因此，应根据自己所养犬的大小与爱好，给它提供一些适宜的玩具，如安全耐用的橡胶或塑料制作的球类、犬咬胶等。有一种骨头造型的咬胶，形象极为逼真，能很好地适应犬喜爱衔骨头和啃咬的天性。

下面介绍几种常见的宠物犬玩具。

（1）框架球和不规则环：这两种玩具的特殊形状使它便于被犬咬住，而且扔出去后的运动状态没有规律，因此可提高犬的追逐兴趣。

（2）土星球：由球和圆盘组成，可整体使用，也可分开使用。整体扔时，可以让它滚动，也可以让它弹起，令犬追逐并衔回。

（3）拉力器：有较好的弹性，我们可用来与犬对拉，通过这种游戏，既可培养犬与人的感情，又可培养犬的争胜心，还可让犬知道人的取胜能力比它强而树立起我们的权威性。

此外，宠物犬玩具还有飞碟、磨牙棒、咬绳和其他球类等众多物品。

宠物用品商店里有很多种类的犬玩具出售，可根据需要选购。对犬的安全有可能构成威胁的东西或玩具要及时拿开，如过小的球、破碎的玩具、有尖锐棱角或锋利边缘的物品都不能让犬触及。

9. 养犬为什么要去相关部门登记

家里养了犬，应该到相关部门去进行登记。登记的目的是为了"保障公民健康和人身安全，维护社会公共秩序"，"预防、控制狂犬病等人犬共患疾病"。随着人们生活水平的提高，爱犬、养犬热度的兴起，全国各省市结合本地的实际情况，制定了"严格限制，严格管理，禁限结合，总量控制"的规定。有些人按规定给自己的爱犬进行了登记和打预防狂犬病疫苗，可有些人怕交手续费，而不去进行登记和打预防狂犬病疫苗，致使狂犬病在我国时有发生，造成人员伤亡和钱财损失。据中国疾病预防控制中心提供的数据，截至 2023 年 12 月 31 日，全国共报告狂犬病确诊病例为 122 例，并报告狂犬病相关死亡病例 111 例。为了防止这种致人性命的疾病发生，每位养犬人都有义务带自己的爱犬去进行登记。

按照规定去进行登记，除了可以减少养犬造成的伤人、扰民、污染环境的危害外，还可以提高人们的法治观念，提高自觉维护社会公共秩序、自觉服从管理的意识，同时有利于改善人与人的关系，维护安定团结的局面，大大提高依法治国的管理水平。

给宠物犬登记不仅是对犬负责，也是对他人和社会负责的表现。同时给宠物犬登记也是合法养犬的标识，既能便于政府管理、又能保障公共安全。因此一定要给你的爱犬进行登记、注册和疫苗的接种。

重点提示

养犬登记均在当地公安局派出所进行，提供必要的材料，缴纳一定的手续费，然后领取《犬类健康证》《犬类免疫证》《养犬许可证》和犬牌。宠物犬丢失和死亡后要及时注销登记。登记后每年度还要进行注册和打预防狂犬病疫苗（狂犬病疫苗和六联苗）。

10. 养犬需要办理哪些手续

养犬需要办理的手续包括养犬登记证、疫苗接种证、犬类伤害他人的责任保险等。

（1）**养犬登记证**：养犬的基本证件，相当于犬的身份证，由兽医颁发，每只犬都必须拥有一张犬证。线上办理是通过微信公众号、微信小程序（如警快办）等线上平台填写信息、提交材料，进行在线申报。线下办理需携带所有申办材料前往居住地派出所或政务服务大厅进行现场办理。

所需材料：

养犬登记表（部分地区需现场填写）；有效居住证明（居民身份证、户口本、本地居住证、房屋租赁证明等）；动物诊疗机构出具的免疫证明；犬只正面、全身照片；养犬人1寸彩色照片（部分地区要求）；养犬义务承诺书（部分地区要求）。

办理时间：线上办理通常公安机关会在七个工作日内做出审批决定。线下办理时间可能因地区和具体情况而异，建议提前咨询当地派出所或政务服务大厅。

注意事项：不同地区对养犬许可证的办理流程、所需材料和办理时间可能有所不同，请以当地具体规定为准。烈性犬及大型犬只可能不符合办理养犬登记证的条件，具体请参考当地养犬管理办法。未按规定办理养犬登记的，可能会面临罚款等处罚。

（2）**疫苗接种证**：疫苗接种证也是养犬必备的证件，可以证明犬已经接种过疫苗，同时记录犬的健康信息。在办理犬证过程中，卫生管理部门会为犬只注射疫苗并颁发疫苗接种证。

（3）**犬类伤害他人的责任保险**：为了确保在宠物犬造成他人伤害时能够提供相应的赔偿，养犬人士需要购买责任保险。

此外，养犬人士还需要遵守当地的相关规定，如登记制度、疫苗接种、年检制度、限养规定和遛犬规范等，以确保合法合规养犬。

第二节　流行名犬鉴赏

1. 中国名犬鉴赏

北京犬

北京犬，又称京巴犬、狮子犬。

北京犬起源于中国，从秦朝时代延续到清朝，京巴犬一直作为皇宫的玩赏犬，在历代王朝中均备受宠爱。由于长期深浸宫廷环境之中，使京巴犬保持了难能可贵的纯正血统，同时也带上几分高雅神秘的贵族色彩。

北京犬体高 20 ～ 25厘米，体重 3.6 ～ 5 千克。毛呈奶油色、白色、红色、黑色、黑褐色、红褐色、银灰色和花色等，除白色外，大多均有黑嘴罩、黑眼和黑耳缘。被毛上层毛

粗直柔软，下层毛较厚，腿、尾、足饰以长毛，颈毛丰富，有如雄狮样外观。头部宽大，两耳间平阔，耳呈心形，下垂，并被饰毛遮盖。两眼大而圆，稍向外突，间距较大，两眼愈开愈好。鼻梁短，陷入额中段，鼻部扁平。嘴宽短，口裂大。前部较宽大，肋骨开张；胸部宽

厚并向后延伸变细；四肢短小。尾根高，尾巴卷于背上，尾端被毛较多，并向四周散落，俗称"菊花尾"。

该犬表情略显严肃，给人一种威严感，但其性情温和，聪明伶俐，与人友善相处，依恋性强，无论在什么地方均可饲养。因此，它是玩赏犬中的佳品。

西施犬

西施犬，又称菊花犬、狮毛犬。

西施犬还称中国狮子犬或狮子犬，原产中国。西施犬的祖先被认为是拉萨犬和北京犬的杂交品种，一般被饲养在西藏的寺庙内作为看门犬，从不带出大门。16世纪的绘画作品中曾出现有近似西施犬的画像。17世纪，它被进献到中国的皇宫中。

西施犬体高20～26厘米，体重4～8千克。毛有各种颜色，但以金色、黑白毛色为好，若额中有鼻白心，尾尖端有白者更佳。被毛长密，下覆以柔毛，看起来好像和颈部的长毛混在一起。鼻梁短，鼻头宽，呈黑色，由鼻梁上长出的长毛自然下垂于两嘴角，犹如盛开的菊花。眼大，圆形，呈黑色或暗色。胸深阔，背平直，脚钝圆。尾根高，卷于背部，有长饰毛。

该犬聪明活泼，文静机灵，饶富雅趣，带点高傲，但很喜欢与儿童在一起，也能独自守家。因此，它既是一种室内看家犬，又是男女老幼均喜欢的玩赏犬。

拉萨狮子犬

拉萨狮子犬，又称拉萨犬、拉萨山羊犬、西藏狮子犬等。

拉萨狮子犬原产中国西藏，根据犬类基因图谱，拉萨犬被鉴定为世界最古老的犬种之一，主要分布在拉萨周围的喇嘛区及部分村落中，被认为是带来吉祥的犬。被拉萨的贵族和喇嘛教的僧侣当作驱除妖魔的神犬而精心饲养。其雄犬被教主达赖喇嘛奉赠给历代的中国皇帝。

拉萨狮子犬体高22～25厘米，体重3～10千克。而体重不足2千克的犬，则被视为"袖犬"。毛色多样，有金色、深蓝色、蓝灰色、烟色、花色、黑色、白色或棕色，其中以金黄、黑色、白色和褐色为最佳色。被毛丰厚，有华丽的长毛和浓密的下层毛。长毛甚长，可自肩前到地面，既非似羊毛，亦不似丝。头大小适中，长满长饰毛。眼睛、颜面几乎被饰毛覆盖。耳小，直立，常被饰毛遮盖。鼻梁短，鼻背长出长饰毛，下垂至口角，鼻端呈黑色。躯体健壮，匀称，四肢短粗有力。尾尖或有一扭结，附长饰毛。

该犬性情活泼，自信，忠于主人，对陌生人的警觉性很高。因此，它是一种优秀的陪伴犬和看家犬。由于长有漂亮的被毛，现在将其视为优良的玩赏犬种。

松狮犬

松狮犬，又称熊狮犬、汪汪犬。

松狮犬源于中国，用作于护卫犬、狩猎犬。两千多年来，松狮犬一直为国人所熟知，与北欧波美拉尼亚丝毛犬存在血缘关系，同时具备獒犬的某些特征。19世纪末在英国出现并被加以改良。松狮犬非常独立，性格较温顺，

属于工作犬类，是多功能的万能犬。

松狮犬体高 55 ~ 60 厘米，体重 22 ~ 27 千克。毛色有棕褐、白、黄和蓝色，被毛厚，上层毛略粗长，直立，下层毛柔软丰富。头大，头盖平宽，额段明显。鼻头大，呈黑色，嘴宽短，上唇盖住下唇，舌头表面呈蓝紫色。眼小，深而下陷，色暗。耳小，直立，体躯短粗，雄劲强壮。前肢骨粗，趾紧握，呈猪趾状，后肢肌肉发达，飞节直。尾巴较短，多向上蜷，贴于背部。

该犬平静而有耐性，亲切和善而又彬彬有礼，具有其他犬所没有的魅力。因此，它既是良好的看家犬，又是老人和儿童的最佳陪伴。

松狮犬是长得非常可爱的一种宠物狗，给它美容一下，它就能变成可爱的"泰迪熊"。给它染染毛色，它就能变成人见人爱的"大熊猫"。而且它本身颜值就很高，看到可爱的它，铲屎官的心情就会变好，没有压力和烦恼。它的性情比较温顺，长期被当作宠物犬、玩赏犬喂养，让它的性格变得更温顺，野性和猎性越来越低。一般情况下，松狮犬不会主动去攻击人，只会懒洋洋地躺在地上休息，或看着路人经过。

西藏獚犬

西藏獚犬，又称西藏猎犬。

西藏獚犬原产中国西藏。是中国西藏古代固有的犬种，与著名的宫廷玩赏北京犬血缘相近。据说，该犬是由唐朝文成公主入藏时所带的北京犬与西藏拉萨犬杂交培育而成，那时主要由喇嘛庙饲养。由于它目光敏锐，看得很远，所以常蹲坐在僧院墙上，俯视全院，是优秀的守卫犬。早期该犬则作为一种吉祥物而深受宠爱。

西藏猎犬体高 25 ~ 28 厘米, 体重 4 ~ 6 千克。被毛呈白、黄、黑、茶褐、黄白和黑白褐等色; 除面部及脚上被覆短毛外, 体表其他部位均为长绢丝状毛; 在耳廓、颈部、四肢后部和尾部等处还有长饰毛, 其中以尾部的饰毛最长。头呈三角形, 前额宽阔, 额段明显。鼻梁很短, 鼻头稍向上翘起, 呈黑色或淡褐色。眼大而圆, 眼球稍向外突, 目光有神、滑稽动人。耳根高, 稍软, 耳廓较大而自然下垂。四肢粗壮而短, 体躯较长。尾根高, 尾巴短, 常向上卷曲而附于腰臀部。

重点提示

　　西藏猎犬生性聪明伶俐, 活泼好动、机警敏捷, 对家人极有感情, 对陌生人冷淡。西藏猎犬性情机灵高傲, 独立且自信, 是令人满意的伴侣犬。它们聪明、活泼、好动, 常常保持着愉悦的心情, 对任何声响的警觉性都极高, 热爱主人全家。

巴哥犬

巴哥犬, 又称巴哥、哈巴犬。

巴哥犬的起源原有很多争执, 现已将中国定为巴哥犬的起源国, 因为在中国一直比较偏爱鼻子扁平的犬只。16 世纪荷兰东印度公司贸易商将该犬种引入到欧洲国家并受到了荷兰人的追捧。大约 400 年前巴哥犬在中国培育的初期阶段, 体型稍大。巴哥犬是性情稳定的品种, 显示出安定、开朗、富有魅力、高贵、友善和可爱的性情。

巴哥犬体高 25 ~ 35 厘米, 体重 6 ~ 8 千克。毛呈银褐、黑褐、黄褐等色, 由后头骨至尾部有一条黑线, 叫做斧斑。若嘴、颊、前额、耳和背线为黑色者则为佳品。被毛短而光滑, 密且长短较均匀。头大, 面短呈黑色, 如戴了一个黑色面罩。额上、嘴上、脖子上的皱纹

比较多，其中，额段为皱褶所掩盖。一般认为，面部皮皱愈多，品种愈好。鼻梁甚短，鼻头呈黑色。嘴阔，唇厚，上唇下垂。眼睛圆且又大又黑，稍向外突，炯炯有神。耳根稍高，耳廓长，呈"V"字型，自然下垂于两颊。四肢强壮，笔直，身短胸宽，非常结实。尾根高，向背部卷曲，以双重卷者为佳。

该犬聪明、温顺、憨厚、和善，与人类十分友好，并会撒娇。因此，它最适宜作为观赏犬和陪伴犬饲养。

 ## 2. 国外名犬鉴赏

吉娃娃犬

吉娃娃犬，又称迷你犬，茶杯犬、奇娃娃、奇花花、芝娃娃。

吉娃娃犬原产墨西哥的芝娃娃地区，是著名的玩具犬之一。其起源无定论，有人认为它是由西班牙的亚斯特克·圣克利特犬培育出来的；也有人说它是 19 世纪的特吉吉犬的后代。

吉娃娃犬体高 15～20 厘米，体重 1～3 千克。毛色有黑色、蓝色、巧克力色、淡金色、深红色和黄褐色，而墨西哥人特别喜欢白底黑斑和白底茶色斑。被毛有长短两种。一般认为纯种者毛短而密，无长毛，而改良种则有较长的粗毛。头部呈苹果型，口鼻部小，突出，鼻端多呈黑色。眼大，圆，呈黑色，稍向外突出。耳大，较薄，耳根高，两耳直立，耳间距较宽，与其瘦小的体躯相比，两耳显得格外突出。四肢细长，胸前宽阔，腹部上收，站立时四肢间距大。安静时，尾多垂于后，而运动或兴奋时，尾则上翘或略卷。

该犬意志坚强，感情丰富、也很顽皮，常喜欢捉弄小孩子，更爱与主人一家及同伴一块儿玩耍。容易紧张和发脾气，有时吠个不停。寿命长，但对寒冷的抵抗力差。因此，它是温、热带很受欢迎的玩赏犬。

博美犬

博美犬，又称英系博美犬、波美拉尼亚犬、松鼠犬。

博美犬原产地为德国博美拉尼亚地区，名字来自德国东北部地名博美拉尼亚，并由普鲁士民族所培育繁殖，故认为它的原产地是德国。但不可否认博美犬和史必滋犬的血缘相似，都是居住在严寒的北极圈一带，为挪威猎麋犬、北极狐狸犬杂交而成。之后经改良体型向小型化发展，人们注重培育体型小、色泽鲜艳的玩赏犬。

博美犬体高 20 厘米左右，体重 1.5 ~ 3 千克。头圆，前额略微突出，小而尖的嘴，唇薄而紧，一对小耳朵，杏仁形状的眼睛，体形匀称，四肢挺直。尾根高，向背部翘起，尾毛稀而长，散落于臀部，外形除尾巴外，极像松鼠，故又称松鼠犬。

博美犬聪明，活泼机警，运动敏捷，性情温顺，受人喜爱。喜欢主人抚摸，但有时会宠生恃娇，易发脾气，乱吠乱叫或向大犬挑战，因此应严加调教，不要纵容和养成不听从命令的习惯。

蝴蝶犬

蝴蝶犬，又称蝶耳犬、巴比伦犬，蝴蝶犬从前也称"松鼠猎鹬犬"，因朝背部抬起的尾巴状似松鼠而得名。路易时代，侏儒小猎犬中体形较大者逐渐由垂耳变成了直立耳，两耳倾斜于头部两侧，像两片张开的蝴蝶翅膀，发展到现代就是蝴蝶犬。

蝴蝶犬体高 25～30 厘米，体重 3～5.5 千克。毛色有红白色、黑白色、红宝石色、白色和白花色等。背毛丰富，呈长绸缎状，有光泽，不卷曲，笔直有弹性。耳和前躯的饰毛呈项圈状，后肢有大量饰毛，尾巴由长毛覆盖，毛长达 15 厘米。头部较小，有明显的斑纹，颇像一只蝴蝶。耳较大，耳根高，多垂直竖立，或耳尖稍向前方下垂。鼻梁短，鼻头呈黑色。眼圆，稍大，唇宽阔。尾根高，尾较短，常卷覆于背部。

蝴蝶犬娇小可人，外观十分漂亮、活泼温驯、体质健壮、灵敏，是十分惹人喜爱的玩赏犬。

约克夏犬

约克夏犬，又称约瑟犬、约克郡㹴、约克夏泰利犬。

约克夏犬因产于英国东北部约克郡而得名，据传说，该犬是大约一世纪前由苏格兰的纺织工人，把苏格兰㹴、斯开犬及当地土犬等杂交育种而成。约克郡地区纺织厂的贫穷工人和矿工用它来驱逐老鼠。最初，它的体形较大，由于它有一身漂亮的被毛，几经改良，成为供人玩赏的犬种。在英国维多利亚时期，广受贵族阶层人士所喜爱。时至今日仍具有光彩照人的魅力，人们亲切地叫它"洋姬"。该犬 1886 年在英国注册后，到本世纪进入全球受宠犬的行列，现今已享有众人皆爱的殊誉。

约克夏犬体高 18 ～ 20 厘米，体重 2.3 ～ 3.5 千克。毛色随年龄不同而发生改变。幼犬的被毛为黑色；3 ～ 5 个月龄的毛根开始呈蓝色；18 个月龄时，被毛变成较固定的颜色，从头后延伸至尾部呈铁青色，四肢呈深褐色，头部棕黄色。被毛丰厚，长而直，呈绸缎状，从不弯曲，无毛绒束。头大小适中，额部稍宽，隆宽。鼻梁短，额凹明显，鼻头呈黑色。耳小呈三角形，耳根高，两耳多直立。眼睛大小适度，呈黑色，稍向外突，目光有神。躯体娇小，尾稍长，常需断尾 2/3 才显美观。

该犬聪慧机敏，热情活泼，感情丰富。而且其性情温顺，喜欢撒娇，容易训练，属于非常优秀的家庭伴侣犬。

贵宾犬

贵宾犬，又称贵妇犬、狮子犬、卷毛犬。

贵宾犬流行于16世纪的法国宫廷，玩具贵宾犬已出现在17世纪的绘画中。这种犬在18世纪的马戏团中也十分流行。贵宾犬在19世纪末被首次介绍到美国，但直到第二次世界大战结束后

才开始流行，并将最流行品种的荣誉保持了20年。根据体型大小被分为三类，最受欢迎的是体型较小的品种：迷你贵宾犬和玩具贵宾犬。其中，玩具贵宾犬是体型最小。据传玩具贵宾犬是由标准贵宾犬和马尔济斯犬及哈威那犬杂交而培育出来的小型品种。标准贵宾犬本来是被培育成猎犬的，而玩具贵宾则是伴侣犬或宠物犬。

标准贵宾犬体高超过39厘米，体重20～32千克；迷你贵宾犬体高25～38厘米，体重10～20千克；玩具贵宾犬体高不到25～38厘米，体重1.5～3.5千克。毛呈黑色、蓝灰色、奶油色、茶褐色和白色等，常以单色为佳。被毛较硬，密生卷毛、短毛、绢状毛，并常初剪短成毛衣球饰状，且配以缎带和蝴蝶结装饰。头较小，呈三角形，头盖骨略呈窄圆形，两颊平。鼻梁直，与额部有明显的分界。鼻头视毛色可分为肝色及黑色。耳根低，耳廓长大，垂于两颊，被长饰毛。尾根高，

尾毛长，尾部长翘，通常断尾 1/2，使尾部与身躯相协调，更加美观。

该犬体态优雅，步法轻松，高傲而活泼，聪明伶俐，极善学习，容易训练。此外，本犬无体臭，少掉毛。因此为著名的玩赏犬之一。

重点提示

贵宾犬大概是最会看人脸色的宠物犬了，它们能从人细微的表现中，发觉主人的情绪。如果它发现主人很开心，就会非常积极地和主人玩耍，逗得主人更加开心。如果它发现主人不高兴，就会默默地守着主人，找机会逗主人开心。

腊肠犬

腊肠犬，又称猎兔犬、猪獾犬、达克斯犬。

腊肠犬产于德国，自中世纪以来就深受人们的喜爱。起初的腊肠犬是短毛型犬，后培育出长毛犬和刚毛犬品种。在 1850 年腊肠犬被引入英国，英国人开始培育一种用作玩赏的迷你型腊肠犬，获得成功。并于 1935 年成立了小型腊肠犬俱乐部。

腊肠犬根据毛的不同分为三种类型：短毛型，毛短而浓密且紧贴在身上；长毛型，毛平直而较长，某些部位长有边毛；刚毛型，刚毛粗糙而且长度一样地遍布全身。按照体型差异区分：小型体高 13 ~ 20 厘米，体重 2 ~ 5 千克；中型体高 20 ~ 25 厘米，体重 5 ~ 8 千克；大型体高 25 厘米以上，体重 8 ~ 12 千克。腊肠犬的体型细长，腿短，走路似爬行。它们有漂亮的被毛，毛发可分为顺滑、波浪与长毛三种类型。顺滑型被毛手感硬，有光泽。波浪形被毛呈长长的钢丝状。长毛型的被毛较柔软呈黑色、巧克力色、黄褐色或红色等；嘴长，头盖圆，鼻端修长，眼呈暗色桃形；耳朵宽长、下垂；颈长而肌肉发达；胸部深陷，背腰呈水平状；前肢较短，肘接近肋骨处；后肢肌肉发达，腿短而圆，并略呈开张状；体长为体高的2倍。

该犬非常勇敢，耐力极好，走路时摇摇晃晃，十分憨厚可爱，常做出滑稽的举动，是一种快乐的犬。且对待主人比较忠诚，对待陌生人有警戒心，易于训练，是极好的伴侣犬。

卷毛比熊犬

卷毛比熊犬，又称比熊犬、坦纳利佛犬。

卷毛比熊犬原产于地中海地区，起源于长毛犬和斑毛犬，因此得名"卷毛比熊犬"，是极为古老的犬种之一。

体高23～30厘米，体重3～6千克，头盖略微圆拱，面部表情柔和，眼神深邃，眼睛圆，黑色或深褐色，眼周黑色；耳下垂，口吻匀称，鼻镜突出，黑色；嘴唇黑，不下垂，下颌结实；牙齿呈剪状咬合。双层被毛，底毛柔软而浓厚，外层被毛粗硬且卷曲；颜色为白色，在耳朵周围或身躯上有浅黄色、奶酪色或杏色阴影。

卷毛比熊犬性格友善、活泼、聪明伶俐，有优良的记忆力，会做各种各样的动作引人发笑，由于它们长期与人相伴，对人的依附性很强，非常友善，是很好的家庭伴侣犬。

刚毛猎狐㹴

刚毛猎狐㹴，又称刚毛猎狐犬、猎狐㹴。

刚毛猎狐㹴产自于英国，起源于19世纪，属于传统的英国㹴类，是19世纪为猎狐而培育的犬种，分为刚毛和平毛两种。起初刚毛与平毛被划属为同一犬种，直至1984年才分别独立。刚毛猎狐㹴除了毛皮浓密粗糙之外，在其他方面和平毛种完全相同。猎狐㹴身上的白毛是专门培育的，为了对付狐狸，更是为了保护自己。

刚毛猎狐㹴的成年犬体高为35～39厘米，体重为6.5～8.5千克，头呈长方形，

头颅平坦，脸部轮廓从眼睛到口吻逐渐变细，而且与前额连接处略显倾斜，宽度向眼睛方向渐收；眼睛较小，略呈圆形，位置深，不突出，眼色深，两眼间距适中；耳朵的折叠线略高于头顶，呈半下垂地向前垂在面颊边；牙齿洁白、结实，呈剪式咬合。颈部整洁，肌肉发达，长度适中，喉部没有赘肉，从侧面看，轮廓清晰，线条优美；背部短而平直，结实；胸部深，不宽而显稍窄，肌肉发达；前半部肋骨适度圆拱，后半部肋骨扩张良好；腰部非常有力，肌肉发达，呈轻微上拱；腹部肌肉发达，距离较短，呈向上微收；臀部宽大，粗壮。尾根较高，断尾后属于上扬的半直立尾，尾向背前方伸展，直立的尾端与眼的水平线齐平。

刚毛猎狐㹴毛色以白色为底色，带有黄褐色或黑褐色斑块，通常从枕骨向前的整个头部为黄褐色斑块，双侧肩胛部各有一小的黄褐色斑块，从肩胛向后到腰间的背部和体侧为一大的黑褐色斑块，尾根到尾梢部分为黑褐色斑块，其他部位为纯白的底色，颊须与体色一致。刚毛猎狐㹴精力充沛，淘气，顽皮，不喜欢受控制，喜欢争斗。但刚毛猎狐㹴极度聪明，对新的事物充满好奇，所以只要是有趣的东西，它们很乐意去学习，并能轻松完成任务。可驯性很强，是很好的家庭犬。

日本秋田犬

日本秋田犬，又称秋田犬、日系秋田犬。

秋田犬原产日本，是世界公认的优良犬种之一。据说本犬原产日本大馆，是秋田县大馆及鹿角地方的原产犬。17世纪30年代（日本庆长年间），秋田藩主佐竹候为鼓舞士兵的斗志，举行斗犬比赛，将其改良成力量强、气势凶的犬种。1920年秋田县知事明令禁止斗犬。1922

年 7 月被指定为天然纪念物。

秋田犬体高 58 ~ 70 厘米，体重 35 ~ 45 千克。毛色多样，常见者为红斑、虎斑、胡麻、赤胡麻、白色等。上层毛刚直，下层毛柔软密生。头盖骨大，额宽，额段明显，有明显的额沟，两颊十分发达；鼻梁直，鼻头大，色黑；眼较小，呈三角形，色深褐；耳较小，呈三角形略向前倾，直立。体格粗壮，强健有力。尾卷，力强。

该犬沉毅、具有忠顺、朴素之感，朴实中含有高雅，感觉敏锐，举止庄重而又灵活。是看家、观赏和狩猎的优良品种。

杜宾犬

杜宾犬，又称笃宾犬、多伯曼犬。

杜宾犬的原产地在德国，该犬是集勇猛、智慧、灵敏于一身的优秀犬种。

杜宾犬公犬体高 61 ~ 71 厘米，母犬体高 32 ~ 45 千克，杜宾犬肌肉结实，体型外貌极为优美，抬头挺胸，给人一种傲视一切的感觉。其头部窄长，侧看呈 V 字形，额瘦削，颅部平坦，并与鼻梁部的线条平行，双唇在颚上紧闭，牙齿大而坚实，呈镶入状咬合。鼻色随毛色不同而不同，椭圆形眼中等大小，深色。颌部充实有力，耳小，耳根高。体型四方，背较短，胸深但不太宽，肌肉发达坚挺，腹部紧凑，前肢端直，后肢宽阔，肌肉发达，强而有力，足部圆且厚，如猫足，坚挺，尾按要求要截得很短，一般在第一、二关节处断尾。毛色有黑底黄褐色斑纹和褐底黄色斑纹，亦有蓝色、淡黄褐色的。不管底色如何，黄褐色斑纹是必不可少的，主要分布于两眼、吻部、前胸、四肢及尾巴内侧，但不允许夹杂有白色斑点。

该犬种的性格，母犬安静、敏感、挚爱家庭成员，对陌生人警惕；公犬非常个性聪明，但较猛烈，易冲动，攻击性强，警戒心强，勇猛忠实，耐力持久，需要健壮有力的主人才能控制，故有"没有不好的杜宾犬，只有不好的主人"之说。它富有敏捷性、灵活性、协调性，有一种与生俱来的高贵气质。

该犬非常聪明，警戒心强，勇猛忠实，耐力持久，学习能力很强，训练后可成为好的军犬、警犬、赛犬、追踪犬、护卫犬、家庭犬及玩赏犬。

大麦町犬

大麦町犬，又称斑点犬、马车犬。

大麦町犬起源于15世纪，以发源地南斯拉夫的达尔马提亚地区命名。因其身上的斑点又被称为"斑点犬"。19世纪英、法贵族将其作为马车的护卫犬，因此又称马车犬。相传其祖先源自埃及或印度，从古希腊雕刻及埃及壁画上与之相似的犬种形象中可以看出，此犬已有数千年的历史。据称，它在16世纪时跟着吉卜赛人四处游浪，在巴尔干半岛及意大利半岛用作猎犬。17世纪在法国作为马车的护卫犬；19世纪该犬在英国传播，逐渐失去狩猎的技能，成为了伴侣犬。

大麦町犬体高55～63厘米，体重15～25千克。被毛稠密而短，为不光滑硬毛。毛色为纯白带黑色或褐色斑，斑点直径在3厘米左右。一般情况下，黑色斑点小而圆，斑点愈浓者愈佳；褐色斑时则不许有其他色斑存在者为好。头稍大，头盖骨显平，头长度适中，额段较明显。鼻梁直，鼻头钝圆，呈黑色。嘴长，口裂较大，口唇周边多呈黑色。耳根高而软，耳廓宽薄下垂，贴于头部，两耳间距较宽。眼睛大小适度，近三角形。黑斑者，眼为黑褐色；褐斑者，眼为淡褐色。前肢骨骼粗壮，后肢肌肉发达，飞节较低。尾根高，尾呈鞭状，前粗后细。

重点提示

该犬聪明温顺，警戒心强，记忆力好。有耐力，适合于赛跑。健壮，防卫性能好，是理想的看家犬。大麦町犬的禁养原因包括：其超大的体型易令人产生视觉恐惧；食量大，经济上难以承担；易怒，易攻击人类，危险系数较高。

大白熊犬

大白熊犬，又称大白熊、比利牛斯山犬。

大白熊犬是比利牛斯山区育成的牧用犬，据说该犬的祖先是一千多年前来自亚洲地区的西藏獒犬与比利牛斯山区的土著犬种交配繁衍而成。直到1933年，美国养犬俱乐部承认大白熊犬，从此它为更多的人所认识。

公犬体高68.6～81.3厘米，母犬体高63.5～73.7厘米，体高68.6厘米的公犬重约45.4千克，而体高63.5厘米的母犬重约38.6千克。大白熊犬是体态匀称的犬，体高略小于身长。头部呈楔形，顶部微圆。眼大小中等，杏形，微斜位，呈鲜艳的暗褐色。耳小至中等大，呈现"V"形，耳尖圆形。颊部平，唇紧贴，上唇刚好盖住下唇，下颚强，鼻和唇黑色。牙齿剪状咬合为佳。颈肌肉强健而长度适中，垂肉极少。背线平，胸宽适度，胸廓扩张，椭圆形，深达肘部。尾低于背水平，有发达饰毛，静止时下垂，兴奋时可能举至背上，成车轮状，行走时

尾于背上或下垂。毛色为白色或白色带灰色、红褐色或不同深浅黄褐色斑记。被毛由针毛层和绒毛层组成，针毛层由直或微有波纹的长而粗糙针毛构成，平坦而厚，绒毛层呈细而密的羊毛状。颈部和肩部的被毛较丰盛而形成鬃毛，尾部有较长的饰毛，前、后腿后侧有饰毛。

大白熊犬能耐艰苦，性情温厚，本性自信、温和、意志坚强，独立，勇敢而忠诚。它忠诚于养它的家庭，但它不喜欢生人的逗弄，稍加训练即能用于保护羊群，营救雪山遇难者，是不错的伴侣犬或护卫犬。

寻血猎犬

寻血猎犬，又称圣·休伯特猎犬。

寻血猎犬是目前已知出现最早的猎犬之一，其起源可追溯到公元1000年。在8世纪时，比利时修道院的僧侣饲养过一种叫圣·休伯特猎犬的犬，就是寻血猎犬的前身。1066年，由威廉王带到英国，经过几世纪后，英国改良品种，产生今日的寻血猎犬。11世纪经英国改良后用作警犬。

寻血猎犬体高60~67厘米，体重40~48千克。全身被毛短而硬，但头部及耳部毛发柔软，呈褐色、黑褐色或黄褐色。头颈硕大，不宽，前额与两颊的皮肤有很大的褶壁，唇大呈剪式咬合。耳根高，耳廓长，呈优美褶层下垂，尾翘不超过水平状态，末梢弯曲。

寻血猎犬的主要特点是性情温驯，表情坦诚，从不争斗；捕猎时追踪血迹的能力很强。因此，在美国，寻血猎犬用来追踪犯人，寻找证据，在法庭上，其追踪被当作权威性证据而被普遍接受。现用作为狩猎犬、工作犬、跟踪犬和家犬。

金毛寻回猎犬

金毛寻回猎犬，又称金毛寻回犬、金毛猎犬。

金毛寻回犬起源于英国（苏格兰），后传到美国及加拿大等地。相传其祖先是我国追踪犬，1858年随杂技表演而输入英国，并与英国当地纯种猎犬杂交而成。

金毛狩猎犬体高51～61厘米，体重27～36千克。全身有金黄色细长的被毛。头圆，吻短，眼睛中等大，呈暗褐色，耳根微朝后，两耳下垂。胸前、腋下及尾根部的毛发尤为丰厚，为具有防水作用的被状毛，但头部毛较短。躯干粗壮，四肢有力，尾垂于后。

该犬勇敢，聪慧，易于训练，性情顽强，忠于主人。多被用作为狩猎犬、护卫犬、导盲犬、和家庭伴侣犬。

阿富汗猎犬

阿富汗猎犬，又称阿富汗犬、喀布尔犬。

阿富汗猎犬原产中东地区，后来沿着通商路线传到阿富汗，4000

多年前阿富汗的绘画中就有该犬的画像，是世界上最古老的犬种之一。阿富汗犬种于1886年被运输到英国，成为英国皇室猎犬。1926年英国将此犬种输送美国后，美国经过半世纪的改良使阿富汗猎犬有其高雅威武的外观，以其美丽的姿容而形成独特的风格。该犬在任何恶劣的环境中都能有较强的忍耐力、惊人的敏捷度和强壮的体魄，并且具有极高的观赏性，随后此犬种再次传入欧洲使之风靡全世界。

重点提示

阿富汗猎犬的主要特点是：外形高大秀美，气质优雅，个性稳健沉着，动作机敏灵活，聪明机智，耐寒力强，视力好，应变力强，可在恶劣的道路上追赶猎物。奔跑时，长长的毛发随风飘逸，十分潇洒，再加上它那独特的长相，更令人觉得神秘有趣。

阿富汗猎犬体高65～75厘米，体重27～33千克，阿富汗猎犬的头盖骨长，头后部隆起，额长，额段不明显；耳根低，耳下垂贴于面颊；鼻梁直长，鼻孔大，鼻头黑色；眼呈桃形，眼角略微上扬；长脖子，体型前高后低，从腰部到臀部的骨架稍突出，后肢的膝头常弯曲，尾巴后翘。全身是以柔软和丝绢状长毛，尤其是头、耳、足部的毛非常长，头顶有冠毛，但脸部毛短。毛色呈黄褐色、红色、白色、灰色和黑褐色多种。

英国牧羊犬

英国牧羊犬，又称老式英国牧羊犬。

该犬属于古老犬种，是英国大型牧羊犬的一种。18世纪时，该犬力大而性格冷酷，责任心强，人们用它护送牛、羊群到市场，故有"家畜商犬"之称。那时候，家畜商人饲养家犬可以免税，割过尾巴的犬即视为家犬，故人们大量饲养该犬，并使其品种加以固定，保持至今。

该犬体高55～65厘米，体重36～40千克。体躯方正，头非常大，被饰毛盖住。鼻梁宽，鼻头大，呈黑色。嘴阔，口裂大。眼色取决于毛色，多呈灰白色。耳平躺于侧面，被长饰毛覆盖，前腿直而有力，骨骼粗壮，后肢肌肉发达；有饰毛，大腿骨长，行走时呈熊的姿态。古代常为免除税金而断尾，只残留1个尾关节，因此被称为"无尾犬"。毛灰色、蓝灰色白斑、蓝色或白色蓝灰斑，上层毛丰富，细柔，蜷曲。

由于该犬聪明伶俐，不到处闲逛，不打架，身子敏捷，重感情，忠于主人，能适应家庭生活。因此，它是优良的牧羊犬、导盲犬及非常理想的家庭伴侣犬。

德国牧羊犬

德国牧羊犬，又称德国狼犬。

"德国牧羊犬"是一个新品种，它是通过德国各优良品种杂交后的综合产物。该犬是1880年，德国陆军官员从各地精心选出优秀的牧羊犬，并经改良培育而成，之后将其送到马兹库斯·洪·斯特法尼兹中尉所率领的军队中充当军用犬，从而开创了犬在军队中服役的先河。第一次世界大战中，因为它战绩累累，搬运弹药，救护伤兵，监视俘房等立下了汗马功劳，影响轰动全球，后来大量的德国牧羊犬引进英国，然后又迅速输至世界各地德国牧羊犬体高 60 ~ 70 厘米，体重 30 ~ 40 千克，体型中等，肌肉发达，雄健有力，身体各部位匀称和谐，姿态端庄美观。额部宽大，头盖骨下倾，嘴长呈斧型，下颌强而有力，眼睛呈椭圆形，大小适中，颜色深暗，有神。耳大小中等，耳根高，耳直立。颈部强壮，胸深背平，前腿笔直，后腿弓形有力。该犬静止时尾呈刀状下垂，兴奋时翘起甚至直立。被毛分为两层，上层毛直硬

坚固，下层毛色明密生。毛呈黑褐色、红褐色、黄褐色、白色、黑色、红色或杂斑色等，但最流行的毛色为"黑背黄腹"。

由于德国牧羊犬感觉敏锐，警惕性高，判断准确，因此行动时胆大凶猛，机警灵活，敏捷轻快，追踪猎物欲望强烈。该犬平时平稳沉着，富于耐性，刚柔相济，依恋性强，忠于主人，被广泛地用于警用、军用、牧羊、看家、导盲和救护等各个领域，具有"万能工作犬"之称，尤其多用作警犬和军犬，在追踪、护卫、搜索毒品和缉拿罪犯等方面屡建奇功。

阿拉斯加雪橇犬

阿拉斯加雪橇犬，又称美国阿拉斯加犬。

阿拉斯加雪橇犬其祖先来自西伯利亚，原产地为美国的阿拉斯加

州，最初活动于冰天雪地的阿拉斯加西部海岸一带，用于拉雪橇、狩猎和捕鱼等，是北极地区最古老的雪橇犬中的一种。1926 年对其进行改良，1935 年在美国的养犬俱乐部中注册。该犬颇受寒冷地区人们的喜爱，被当作家犬而饲养。

阿拉斯加雪橇犬体重 46 ～ 55 千克，体高 58 ～ 63 厘米，体型结实粗壮，全身肌肉发达。头较小而精悍，眼似银杏，呈黑色。脸部、下腹部和四肢部呈白色。额部较宽平，与鼻梁有明显的界线。鼻梁平直而短，鼻端稍钝，呈黑色。口裂大小适中，唇周多呈黑色。耳根硬，耳廓小，两耳直立呈三角形。脖颈粗壮，胸部宽阔，背平直，四肢短粗、有力，看起来有使不完的劲，具有"不知疲倦之犬"的美称。尾巴稍长，自然下垂；运动时尾根上举，尾尖蜷曲呈弧状。被毛稠密而厚实，上部毛稍长，长度为 3 ～ 5 厘米；下部毛较短，呈羊毛状，可防水。毛色呈蓝、灰、黑等色。

该犬耐寒冷，能吃苦，顺从主人，富有献身精神，喜欢集体行动，是不错的家庭伴侣犬。

第三节 如何挑选宠物犬

1. 挑选宠物犬时需要注意哪些方面

在中国宠物犬的俱乐部比较少，因此除部分在国外购买的有纯种血统证书的犬之外，大部分人只有靠自己对纯种犬的认知从外型特征上识别优劣。在挑选幼犬时，对有病或者有某种缺陷的，即使品种再好也不能选养。选择幼犬要了解其父系、母系品种的优劣，从市场上购买不如到养犬者家中领养为好。宠物犬的健康状况是选择犬最基本的条件。它包括以下几方面：

（1）看犬的眼睛：

健康的犬眼结膜为粉红色，眼睛明亮没有泪痕，干净无任何分泌物，两眼大小一致，无外伤或者疤痕。有病的犬常会见到眼结膜充血，分泌物增多，黏膜苍白，眼角有眼屎，两眼无光或羞明流泪。

（2）看犬的鼻子：

健康的犬鼻端湿润、无浆液性或者脓性分泌物。有病的犬鼻端干燥，甚至干裂，表明该犬身体不健康。

（3）看犬的口腔：

健康的犬应口腔清洁湿润，牙床、唇部及黏膜呈粉红色，舌鲜红色、无舌苔、吐气无口臭，不流涎。

（4）看犬的皮肤：

健康的犬皮肤被毛有光泽，柔软有弹性，手感温和。患病的犬皮肤干燥、弹性差，被毛粗硬杂乱，如患有体外寄生虫、皮肤病。

（5）看犬的肛门：

健康的犬肛门紧缩，周围清洁。患病的犬特别是患有下痢等消化道疾病时，常见肛门松弛，周围污秽，还可见红肿或溃疡。

（6）看犬的四肢：

犬的前肢笔直有力，两腿间距一致，位置端正，后肢腿直，肌肉发达，间距适当，这是理想的犬。如果犬的两前肢小腿向内并拢（O形腿，俗称罗圈腿）或是两前肢小腿向外岔开（X形腿）的，以及犬跑动时，若出现跛行，都是令人不满意的犬。

（7）看犬的胃口：

给犬喂一点食物，看它的表现，进行比较，选择食欲旺盛、不挑食的幼犬。

重点提示

健康的犬喜欢亲近人，活泼好动，情绪稳定，反应灵敏，愿与人玩耍，警觉性高，浑身充满活力。精神状态不良的犬胆小畏缩，躲在角落里，怕人，精神萎靡，低头呆立，对外界活动反应迟钝，甚至不予理睬。

2. 养宠物犬哪个品种好

犬的品种很多，每个品种都有自己的优势和缺点，究竟选择什么样的品种饲养，我们首先要考虑养犬的目的，其次要考虑自己居住的条件、生活方式，来确定选择什么样的犬。

如果家在郊区农村，需要看家护院，居住条件宽敞，可选养大型犬，如果住在城市的楼房而且面积又不大，可选择小型犬饲养。注意：大部分城市有禁止饲养大型犬的规定。

如果自己的工作很繁忙，最好不要选择长毛犬或卷毛犬，因为小型短毛犬打理更为方便省事。从目前我国饲养玩赏犬的趋势来看，以小型或超小型为主，如北京犬、贵宾犬、西施犬、吉娃娃犬、博美犬等。这些小型犬的优势是食量小、体短、体重较轻、性格温顺，容易控制，很受儿童、女性和老人的欢迎。

3. 到什么地方购买或领养宠物犬比较好

目前，国内购买或领养犬主要有以下途径。

（1）到宠物犬养殖基地购买。一般宠物犬养殖基地较能保证宠物犬的健康，父母犬的状况也可以了解清楚，品种较多、较纯，可供选择的犬较多，容易选择到自己中意的犬，发生意外也可以找饲养场进行协商解决。但饲养场一般位置偏僻，犬的价格也相对较高。

（2）到宠物市场购买。宠物市场的宠物犬一般很难保证宠物犬的健康情况及是否注射了疫苗，且父母犬的状况也无从知晓，一旦出了问题，只能自认倒霉，但市场上犬的价格较低，犬种较多，选择比较多。所以在宠物市场购买宠物犬时要慎重选择幼犬，最好可以让卖家提供幼犬的疫苗本和体检报告等相关信息。

（3）到朋友家领养。到朋友家领养一般可以较详细了解幼犬及其父母情况，知道是否已注射疫苗，多数能保证犬的健康，但可供选择的品种单一，较难合意愿。

4. 怎样挑选幼犬

挑选宠物犬时不一定非要选名犬，有的犬种虽然长得丑陋但是品性绝佳；有的犬种虽然知名度不高但是气质不俗，容易调教。选犬养犬不可贸然盲动，也不必过分拘泥。功夫不负有心人，学习与养犬有关的知识，一定能选到适合自己的犬种，充分体验到养犬的乐趣。

幼犬长大以后会是什么样，我们很难预料，因为它长大后的性情和模样或许与现在完全不同。我们在幼犬只有 1 个月大时，便能从行为上知道它们大致的性格：

①蹲下来呼唤它过来，如果摇头摆尾，高高兴兴地直奔过来，它长大后一定是一只充满信心，喜欢交际的宠物犬；而无动于衷或者犹

犹豫豫，它是个怯懦或者是有性格障碍的犬。

②将它四脚朝天翻在地上，用手轻轻按住它的肚子，强悍的幼犬会努力挣扎；柔顺的则屈服顺从，目光游移。

③在它面前抛出一个小纸团，容易受训的幼犬会奔向纸团衔起它，并在主人的鼓励下走回来；对纸团视而不见甚至走开，它将来接受训练的程度会比较低；衔起纸团独自玩耍，这是一只性格独立的幼犬，需要一个老练的训练人员来调教它。

5. 选养公犬好，还是母犬好

公犬通常更活跃，好奇心强，喜欢探索和玩耍。它们需要更多的运动和刺激，比如长时间的散步、玩耍或者一些智力游戏。这样的宠物犬适合那些有足够时间和精力陪伴它们的主人。公犬的颜值好，体型更大，毛发更加浓密亮丽。公犬的性格通常更为活泼，喜欢玩耍，精力充沛，这使得它们能更快地融入家庭生活。如果你选择了一只公犬，你会发现它不仅会成为你的玩伴，还能迅速与家人建立起深厚的情感纽带。

每只犬都有它独特的魅力和性格，到底是选择活泼好动的公犬，还是温柔细腻的母犬，这个问题就问你更喜欢阳光下奔跑还是在夕阳下漫步，每个人的答案都不同。选择养犬时最重要是考虑个人的生活方式。如果你是一个忙碌的打工人，可能更适合一只需要较少运动和关注的母犬。相反，如果你是个户外活动的爱好者，一只充满活力的公犬可能会是你的理想伴侣犬。

而母犬则以温柔和耐心著称。母犬往往更懂得如何安抚人的心灵，给主人带来安全感。它们喜欢安静的环境，通常更易于照顾。母犬的陪伴就像是一杯温热的牛奶，给人以舒适和放松的感觉。母犬会更加安静温顺，性格相对沉稳、冷静，面对事情从容淡定，而且对主人百依百顺，喜欢粘着主人。

6. 选择幼犬还是成年犬

一般情况下，幼犬要比成年犬适应新环境更快，与主人建立良好的关系和感情，忠于主人，依恋于家庭中的每一个成员。且主人可看到犬生长发育的全过程，本身也是一种享受。但是幼犬独立生活能力差，体质较差，抗病能力较弱，极易感

染各种疾病而死亡，需细心照料和花费较多的时间。选择幼犬以选2～3月龄的犬较为合适。一方面，幼犬的哺乳期通常为35～45天，2月龄的犬已经断奶并能自由采食，在得到母乳的充分养育后，幼犬的发育情况较好，同时疫苗已接种完成，幼犬有一定的独立生活能力；另一方面，这一阶段的幼犬的智力和情绪也相对较发达，学习和认知的速度也较快，此时极容易受到环境和主人的影响，是幼犬一生中最适合饲养的阶段。

成年犬比幼犬生存能力强，省心省力，特别是经过良好训练的犬，不需要主人过多的细心照顾。但成年犬适应新环境的能力较差，而且已形成的习惯一般很难改变，不容易与新主人很快建立良好关系，要赢得它的信任需花很大的力气。选择成年犬时一定要了解它的脾气，是否有野性，是否可以很好地接触新环境等，有些成年犬也是可以很好地适应新环境，但是需要时间去磨合，所以在生活中尽可能地多给它一些关爱，可以更快地让成年犬亲近并把领养者当成其主人。

不论饲养成年犬还是幼犬，都要根据自己的情况和喜好来选择。

 7. 选择长毛犬还是短毛犬

长毛犬或短毛犬的选择，应根据养犬者的爱好而定。

通常长毛犬如梳理干净，会给人一种优雅漂亮、雍容华贵的感觉，惹人喜欢，但主人需要每天花较多时间给它梳洗、刷毛、整理，否则被毛就会缠结成团、污秽不堪，而且容易发臭。

许多中短毛犬则很有特色，无须花费很多时间去为它梳理，也受到许多人的青睐。因此，如果工作较忙、空闲时间较少，不宜选择长毛犬饲养，可选择中短毛漂亮的玩赏犬。

少数短毛犬如沙皮犬因体表褶皱过多容易藏污纳垢而导致体臭，腊肠犬则由于自身体躯过长易出现关节脱臼或截瘫等。因此，在选择长毛犬或短毛犬时，不能片面追求时尚，而应讲求实际，才能真正收获养犬带来的欢乐。

8. 选择纯种犬还是杂交犬

根据个人的喜好、生活环境和经济条件选择合适的宠物犬，那么到底是纯种犬好，还是杂交品种好呢？

纯种犬长大后与它们的上一代长相类似，其性情也与其父母相似。如果选择正确，纯种犬不但会符合个人的性格要求，而且能满足个人的审美需求。

另外，纯种犬防疫做得比较严格，未经防疫的宠物犬不宜购买，如果真的喜欢，也要卖主给它进行防疫后，观察 3 ~ 5 天再购买；纯种犬有很多易发的疾病，需要了解清楚，并及早作预防。

重点提示

购买纯种犬需要向卖主索要血统证明，血统证明一般要填写品种、名字、性别、出生日期、毛色、犬父母情况，以及该犬参加相关比赛的成绩、训练的奖励、登录者、登录日期等信息，购买时要签订买卖双方的转让协议，这样才能带宠物犬到相关协会重新登记。

杂交幼犬的身上可能融合了两种或者更多纯种犬的血统，决定纯种犬性情的基因同样会遗传到他们的身上，只不过一方的基因可能会削弱甚至淹没另一方的基因。所以，无法准确地描述它将来的模样和性情，但是它的特点是身体强健，不容易生病。

9. 怎样选出优质的宠物犬

为了能选出适合饲养目的（玩赏或伴侣犬），应对犬的体质和机灵性作进一步的检查。具体如下：

第一，为了测试所选幼犬的反应是否敏捷，可先让受测试犬看一下某物体（手绢或塑料玩具），然后将该物体轻轻向上抛起，如果犬的视线紧盯着跌下的物体，则属正常，如果对跌下物体毫不关心，则属精神涣散或迟钝。

第二，用手提起幼犬时，以不叫不挣扎者为良好。若拼力挣扎，发出悲鸣，则属神经质类型，属"难教"的品类。

第三，注意观察有无遗传性缺陷。纯种犬往往为了保留其品种优势，常因近亲繁殖（血统太相近）而出现一些遗传性缺陷。如沙皮犬、松狮犬以及北京犬。贵宾犬容易发生眼睑毛倒生（由于世界性的"血统标准"过度强调其双眼的特征所致），尤其是沙皮犬更多见。斑点犬出现斑点相连及多数发生缺齿。若上一代有咬人史的犬，其下一代也可能遗传。这类犬即使品种纯正，外形美观，也不能留作种犬用，必须淘汰。

第四，身体各部分要匀称，比例协调。鼻、肛门周围及脚底等处色素要足够，各方面合乎标准。

第五，了解是否进行过相关传染病的预防接种（特别是犬瘟热及狂犬病疫苗，包括疫苗的种类、接种的时间等）。

10. 怎样鉴别宠物犬的年龄

判定犬的年龄主要看其牙齿的生长情况，观察齿峰、牙齿磨损程度和外形颜色等状况进行综合判定。

犬的牙齿全部为短冠形，上颌第一、二门齿齿冠为3峰形，中部是大尖峰，两侧有小尖峰，其余门齿各有大小两个尖峰，犬齿呈弯曲的圆锥形，尖端锋利，是进攻和自卫的有力武器。前臼齿为3峰形。白齿为多峰形。

犬的年龄可依据以下标准进行判定：幼犬在20天左右开始长牙；4～6周龄时乳门齿长齐；近2月龄时，乳齿全部长齐，呈白色，细而尖；2～4月龄时更换第一乳门齿；5～6月龄时更换二、三乳门齿及乳犬齿；8月龄后即全部换上恒齿；1岁时恒齿已长齐，洁白光亮，门齿上部有尖突；1.5岁时下颌第一门齿大尖峰磨损至与小尖峰平齐；2.5岁时下颌第二门齿尖锋磨灭；3.5岁时上颌第一门齿尖峰磨灭；4.5岁时上颌第二门齿尖锋磨灭；5岁时下颌第三门齿尖峰稍磨损，下颌第一、二门齿的磨损面已呈矩形；6岁时下颌第三门齿的尖峰磨灭，犬齿钝圆；7岁时下颌第一门齿磨损至齿根部，磨损面呈纵椭圆形；8岁时下颌第一门齿磨损面向前方倾斜；10岁时下颌第二门齿和上颌第一门齿的磨损面呈纵椭圆形；16岁时门齿脱落，犬齿已不全。

11. 如何挑选松狮犬

纯种中国松狮犬亲切、和善，十分惹人喜爱。如果选养一只称心的松狮犬，应注意以下各部位的特点。

（1）**头面比例协调**：头骨以平宽为佳。口周湿润，上唇方正，长而下垂，自然包合下唇；下唇短而稍尖、钝圆，被上唇覆盖。眼黑、小，眼周干净，呈杏眼状为标准。两耳呈三角形或微圆形，挺起向前，无须剪耳。两耳的间距以阔为佳。鼻短而阔，鼻头黝黑。

（2）**被毛厚密**：被毛密实，柔软如羊毛，上层毛舒展，底毛稠密，给人一种威严从此而起的感觉。切忌上层毛和底毛太硬、单薄或太稀。

（3）**躯体粗壮**：颈部要粗壮而微短；胸部要深阔；背腰短、直、壮；后臀位和双肩部肌肉丰满；腹部松畅自然，不过度收腹；前肢粗壮挺直，后肢肌肉丰满、有力；趾爪如猫般紧合，忌散开。

（4）**尾阔散**：松狮犬尾以阔散为佳，即尾毛多而长，尾稍舒展，尾高卷至背部，尾毛可达背腰。

重点提示

松狮犬的下唇和口腔顶肉须是黑色的，牙龈以黑色为佳，蓝舌是它最突出的特点之一，这是一个选择标准。因此，不管舌的颜色呈深蓝色、浅蓝色或紫黑色等，皆属于蓝色，且牙龈黑色，可以选养。如果舌头上是其他颜色，不是纯蓝色，则为非纯品种。

12. 如何挑选沙皮犬

沙皮犬的形貌独特，一眼就可识别，颇受国内外养犬者的青睐。购买挑选沙皮犬应注意以下几点：

（1）**头面结构**：头应呈正方形（包括眼部、耳部和面部），有脸颊，头骨平坦。最重要的特点是耳朵必须在头骨上面，而非侧面，即在正方形的顶部。

（2）**被毛**：沙皮犬的被毛应具备以下三点要求：一是质地要硬，触之顶手。沙皮犬为好斗犬，一旦发生争斗，令对手一口咬下去弄得全嘴扎满短硬毛而不敢侵犯。二是毛要直立为90°，不贴于皮肤，故显出无光泽的自然特性。三是毛愈短愈好，不可有细软底毛。

（3）**色泽**：沙皮犬的外被颜色主要有三大类：黑色、黄色和米色。不论喜欢哪种颜色，以单色为好，杂色次之。黑色由炭灰色至深黑色，鼻头、趾甲部必须是黑色；黄色，为带银色的浅黄至深黄色，甚至近乎红色，后者的鼻端须呈砖红色。米色，头部、背部和四肢外侧为一色纯米色，双耳呈黄色，腹部、四肢内侧、脖颈下方为浅黄色。

（4）**颈膊部**：颈部至肩部柔顺自然，无明显分界和突兀。膊的角度须向后，与前臂骨成90°。只有如此，两前肢才不会生长过于倾前，以至活动有所限制。走起路来轻松自如，步幅开扬。

（5）**腰背**：沙皮犬的腰背宜短，最后一根肋至股骨的腰身距离不能长。身形应呈正方形，如小方凳"坐"落地面上。若腰身太长，犬体呈长方形，从而影响步态及后肢推力不够，走起路来显得紧迫而不自然。

（6）**尾部**：尾巴的部位愈高愈好，切忌下垂，要有力"抽"向上方。尾巴短而顺乎自然，由尾根直向尾尖，皆高耸有劲，一般不断尾。

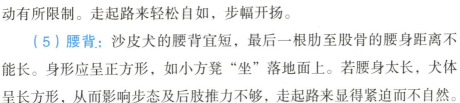

13. 如何挑选贵宾犬

贵宾犬是世界名犬之一，选购时应注意以下几点。

（1）外貌：贵宾犬的背应短壮、肩强壮而向外倾斜。耳长至双颊，圆下垂。断尾1/3，使尾竖直，切勿下卷或贴在背上。

（2）口齿：嘴应呈剪刀式，牙齿排列整齐，色白而不缺齿。牙不能突出颚外，向外斜向内。

（3）双眼：贵宾犬的双眼应为深琥珀色至黑色，微微外斜，呈杏形或椭圆形，眼周越黑越好。眼结膜粉红而无分泌物。

（4）步态：步态轻盈、优美、雅致。步幅切勿过大，以细步或碎步为宜。

（5）脚爪：脚爪的长度要适中、匀称，站立要挺直，与全身相协调，脚爪勿太长和过瘦削。脚趾要紧密，趾弯拱，肉枕厚，整个蹄呈鹅蛋形。

（6）被毛：贵宾犬的被毛厚密、质地适中、不掉毛，以色纯白和纯黑为最佳。贵宾犬之所以美丽动人，其被毛好坏是关键。只有这样的被毛，才能修剪出惹人喜爱的外形。

贵宾犬主要有三种类型：标准型、迷你型和玩具型。这三种类型的贵宾犬的外型和性格很相似，只是体型大小不同而已。一般的分法是：标准型：身高超过39厘米，体重20～32千克；迷你型：身高25～38厘米，体重10～20千克；玩具型：身高不到25厘米，体重7千克。

 ## 14. 怎样挑选吉娃娃犬

吉娃娃犬分为长毛种和短毛种两大类，是目前人们培育出的最小型纯种犬，被人们习称为"袖珍犬"，除了毛长短有别外，其他的体形特征、性格特点和习性等却无明显的区别。选购吉娃娃犬时应注意以下几点。

（1）头面结构特征：面与颌修长，头部圆形呈苹果样，鼻短微尖，眼大有神，耳大竖起。

（2）被毛良好：被毛要柔软光滑，富有弹性，微呈波浪式，底毛要绵密厚实。长毛品种所生的仔犬，其被毛应长，保留其母犬的特点。

（3）脚、尾特征：脚爪似野兔爪或猫爪均可；尾巴修长，通常无须断尾。

（4）**体型切勿过小**：成年吉娃娃犬体重1～2千克。若成年后体重不足0.5千克时，则可能是先天性发育障碍或有疾患而影响生长，因此不要购买。在一窝仔犬中选购时，同样不要选购小者，应挑选活泼好动者，因为安静者可能是先天性弱仔，对以后的生长不利。

（5）**无病损**：精神饱满，体质强壮，情绪稳定，不乱吠或畏缩。鼻光湿润，不干燥，不流鼻涕，不咳嗽，不脱毛。

第二章

宠物犬的管理与饲养

第一节 宠物犬的日常管理

1. 怎样让幼犬适应新环境

幼犬来到新的环境以后，常因惧怕而精神高度紧张，任何较大的声响和动作都可能使其受到惊吓，因此，要避免大声喧闹，更不能出于好奇而多人围观、戏弄。最好将其直接放入犬舍或在室内安排好休息地方，适应一段时间后再接近它。接近犬的最好时机是喂食时，这时可一边将食物推到幼犬的眼前，一边用温和的口气对待它，也可温柔地抚摸其被毛。所喂的食物应是犬特别喜欢吃的东西，如肉和骨头等。但开始可能不吃，这时不必着急强迫它吃，适应以后，幼犬会自己采食的。如果它走出犬舍或在室内自由走动，表示已初步适应了新环境。

幼犬一般经3～5天后就可以完全适应新的环境。在这期间，主人要友善对待，更不可对它发脾气和打骂。如果幼犬按照主人的要求做了某种事情，要及时予以奖励，让它知道这是主人所喜欢的事情，如果做错了事，要严肃地说声"不对"并制止，它才会知道这是主人所不允许的事。

在幼犬适应环境阶段，要防止逃跑。一旦发现幼犬行动诡秘，躲躲闪闪，不听招呼，有逃跑企图时，须立即制止，或予绳拴，使其不再逃跑。

重点提示

饲养幼犬必须训练犬在固定的地方睡觉。犬有这样一种习惯，即使来到新环境以后，第一次睡过觉的地方，就认为是安全的。以后每晚睡觉都会到这个地方来，而绝不逾越雷池一步。因此，第一天晚上睡觉时一定要关在犬舍或室内指定睡觉的地方。

2. 怎样给宠物犬起名字

如今养犬的人越来越多，而给犬取名字也是一件很有趣的事情，各家宠物犬的名字五花八门，可爱的、无厘头的、霸气的，应有尽有。养犬者均想给自己的爱犬起一个理想的名字，叫起来响亮亲切。一般来说，给犬命名可根据犬的特征、特性或养犬者的爱好，精心选词。下面介绍几种常用的起名方法。

（1）可以选择自己喜欢的影视剧人物拟人化取名。在现代网络如此发达的时代，各类影视剧层出不穷，每个人都有自己喜爱的影视角色，以此来为自己的宠物犬命名，别具一格，更有不一样的味道。

（2）依据宠物的外形、品种、毛色及其特征命名。用宠物犬的特征取名是最常见的，也是一个比较简单的方法，比如养了一只哈士奇，有些主人就可以取名为"奇奇"或者"二哈"之类的，既突出了犬的品种，又快速方便。还有一些主人会以宠物的毛色来为宠物犬起名，如"大黄""大白""小黑""小花"等。

（3）用喜欢的食物为宠物犬起名，有很多宠物犬的主人比较喜欢以自己喜欢吃的食物为宠物犬起名，用自己喜欢的食物起名，也是一种很有意思的起名方法，一般也是主人比较常用的起名方式，不仅能够表现出自己喜爱的东西，

也能够将自己的喜爱用在宠物犬身上，也是一种宠爱方式的表现，而且用自己喜欢的食物为宠物犬起名，倒也不失可爱。

给爱犬起个简洁响亮的名字，利用喂食和游戏等机会进行呼名训练，让它把名字和愉快的事情联系在一起。

幼犬在没有习惯被呼唤名字前，名字只是一种跟它没有关系的信号，所以，呼名训练要反复进行，直到它对呼唤有明显的反应为止。一般情况下，幼犬听到主人的声音，会机灵地回过头来看或者摇摇尾巴表示高兴，如果它能来到身边，就抚摸它并给予食物奖励。

 怎样与宠物犬相处

　　幼犬领养进入家里最好选个假日的早晨，在幼犬尚未吃早饭之前将它带进家门，这样我们有一整天的时间可以和幼犬熟悉。幼犬突然离开母犬，离开它熟悉的环境，它的内心十分惊慌，这时我们应肩负起责任。早上让它空腹可避免它在途中晕车。第一次接触幼犬要紧紧地抱着它，先将一只手以拇指、食指、中指分开的姿势护住幼犬的胸部，再以拇指、食指、中指分别夹住两条前腿。另一只手握住它的后腿臀部，两手臂夹紧，让幼犬贴住自己的身体，使它可很快地熟悉主人的气味，同时也可感受到主人的体温，从而认定自己就是它的主人。在回家途中，要不断地轻声叫它的名字，如果幼犬不安稳，则可以用食指不断搔揉它的脖子和下巴。

　　当幼犬进入家里后，它将成为其主人生活中的一部分，为其主人带来宽慰和欢乐。但是，在与幼犬相处的过程中，如处理不当，也会给自己带来不少烦恼，因此，以下几点务必引起主人的注意。

　　（1）在幼犬进入家里后首先要让幼犬熟悉家里环境，在此期间，主人应该给幼犬自己熟悉的空间，不要频繁地叫它，抱它。给它准备好水和食物后让它自己去熟悉，等幼犬自己熟悉家里环境后再去慢慢地接触幼犬。

　　（2）要把幼犬当作伙伴和朋友，要有耐心地对它进行饲养、护理和调教，在幼犬还没有熟悉环境的情况下，决不能对它喜怒无常，以免幼犬惧怕并远离其主人，对以后的调教造成影响。

　　（3）宠物犬与宠物犬之间的适应能力和理解能力有很大的差异。因此，主人对犬要区别对待，绝不能抛弃和虐待落后者。

4. 平时怎样抱宠物犬

抱犬，是为了促进宠物犬服从心理的养成，同时也是为了和犬亲热，有利于人和犬的和谐共处，加强交流。

在试图将宠物犬抱起之前，要跟它说话，让它放心。在抱起成年犬的时候要蹲在犬的旁边，一只手从犬的胸部托住它，另一只手从脖子下方把它环抱起来，然后把它抱在胸到腰之间的部位。如果犬出现受惊而想从臂弯中挣扎出来的现象，则需要动作轻缓地鼓励它，或轻轻地摇晃它。当犬安静下来后，夸奖它一番。

如果是体型过大不能抱起来的犬，主人应该站在犬的旁边或后边，双手从下面把犬的前肢托起来，并轻轻地晃动。别忘了给它鼓励。另外，把犬抱起来的时间要逐渐地延长。

在抱起幼犬时要轻轻地抚摸安慰它，并将一只手放在它的前肢和胸下面，另一只手则抓住后肢和臀部。这有助于牢牢地控制它，使它不会局促不安。用一只手护着幼犬的胸部，另一只手放在它的臀下，把犬抱起。这个抱法可以防止它从手中逃走。

5. 怎样抚摸宠物犬

一般人抚摸宠物犬的时候喜欢摸宠物犬的头。但是，不习惯被人抚摸的宠物犬，突然被人摸头会受到惊讶，所以要先伸出掌心给它看，然后再从它的下颚、胸部、头部、再到脸、再到全身这样的顺序抚摸，同时轻声细语地和它说话，轻柔地抚摸，它都会感到安心和温情。

在抚摸宠物犬的头和脸时，随意轻轻地握住犬的鼻子，也有利于宠物犬服从心理的养成。有时还可以让犬仰卧在地上，抚摸它的腹部和四肢内侧等各个部分。如果宠物犬对个别部位反感，则要边轻声地说话，边慢慢地抚摸，直到它能很老实地接受抚摸。然后给予一定的物质奖励。直到把犬训练成无论抚摸哪个地方都不反感为止。

在与犬相处的过程中，主人应以爱心、耐心贯彻始终，那种失去理智，动辄就揍犬、虐待犬的做法是不可取的。犬即使犯错，惩罚也应适当，更何况宠物犬的理解能力有限，虐待与打揍是无法让宠物犬意识到自己的错误。在养犬过程中，主人要引导宠物犬少犯错，动不动打骂虐待就失去了养犬的意义。

6. 怎样进行入厕训练

宠物犬自身不知道哪里是可以排便的地点，需要其主人来引导宠物犬定点入厕。通常宠物犬在进食后半小时会排便。这时候需要把宠物犬带到规定好的区域进行入厕。如果宠物犬没有排便也没有关系，带它回去就可以了。每两个小时（年纪大点的宠物犬可以坚持更久）

带它去一趟，以便规定其在指定的地点入厕。同时，宠物犬在规定区域入厕后，要立即表扬。

如果宠物犬在厕所以外的地方排便，不要责备或打骂，把宠物犬的排泄物彻底清理干净就好，中间不要和宠物犬有任何互动或给予奖励。等到下次宠物犬想上厕所，再按照上面的步骤重复训练，反复多次，宠物犬就会

明白怎么做会有奖励，从而学会定点入厕。也可以在训练过程中增加简单的口令，督促宠物犬排便，如"便便"等。在宠物犬完成排便后，也要给予称赞口令，比如"好""乖"等，慢慢地让它对口令形成条件反射，这有利于后期的引导。

如果宠物犬在外面排便了，一定要将其捡起并扔到垃圾桶里。不清理犬便是不文明的行为，而且会让人们对养犬人产生反感。

7. 怎样给宠物犬摄影

在与宠物犬共同生活的日子里，宠物犬会经常做出令人忍俊不禁的优美动作，时时展现其可爱的形象，给大家带来持续不断的欢乐。若用手机把那些有意义的瞬间拍摄下来，按时间顺序或内容、性质，不断收集，或积累成册，或制作多集视频，在以后的闲暇时间随便翻翻或播放观看，定会勾起一幕幕美好的回忆。

给宠物犬摄像拍照时，可以遵循以下几个步骤和技巧，以确保拍摄出高质量的照片。

（1）选择合适的角度和构图

选择合适的角度和构图对于拍摄出高质量的宠物犬照片至关重要。通常，从宠物犬的视角出发，选择最适合的拍摄位置和角度可以更好地展现宠物犬的特征和表情。例如，从下方拍摄可以表现出宠物犬的可爱和活泼，而从侧面拍摄则可以展示出宠物犬身体的优美曲线。

（2）设置焦点和光线

将焦点放在宠物犬的眼睛上可以突出狗狗的表情和神态，营造出深刻的视觉效果。同时，合理控制光线条件，确保照片的色彩、亮度和清晰度达到最佳状态。室内拍摄时可以利用灯光补光，而户外拍摄则应合理利用自然光线。

（3）选择背景

背景的选择对于照片的整体效果有着重要影响。应选择单色背景或特定场景背景，以突出宠物犬的形象和气质。同时，避免背景过于繁杂，以免干扰画面的重点。

（4）使用道具吸引注意力

在拍摄期间，可以使用玩具或出声的钥匙等道具吸引宠物犬的注意力，这样可以在拍摄过程中更容易捕捉到宠物犬的活泼瞬间。

（5）利用自然光合环境

如果是在户外拍摄，应将宠物置于间接光下，并选择简单的墙壁或背景进行拍摄。这有助于利用自

重点提示

给犬摄影时它不会主动配合，常常好不容易遇到一个合意的姿势，它却在即将按下快门的那一刹那改变姿势，让人惋惜不已。因此，在构思完成以后，不妨以适当的时间间隔连续拍摄多幅，然后从中挑选出效果较理想的一幅进行保存。

然光线的优势，使照片更加自然和生动。

（6）抓拍多种表情和姿势

尝试从不同角度和距离进行拍摄，抓拍宠物犬的多种表情和姿势。通过后期编辑，可以选择最佳的照片进行精修和美化。

通过上述步骤和技巧，我们可以更好地捕捉宠物犬的活泼、可爱的一面，留下美好的回忆。

8. 怎样给宠物犬舒适的环境

（1）犬舍保持良好的通风和光照

在天气暖和时，可以让阳光充分地照到犬舍以达到杀菌的作用。良好的通风环境可以使犬舍空气清新，没有异味。宠物犬数量较多的大型养殖场，要清除周围的垃圾及杂草，最好在犬舍周围栽植树木，以便改善环境，起到绿化、乘凉的作用。犬舍的排水系统应保持畅通，

粪便和污物需及时清理，在指定地点堆放、发酵处理。

（2）保持适宜的温度和湿度

犬舍温度在一定范围内比较缓慢地变动，机体可以调节与之相适应，但变化过大或过急时，对机体将产生不良影响。犬舍内的标准温度冬季为 13 ～ 15℃，夏季为 21 ～ 24℃。冬季要注意保温，铺垫物要

加厚。犬能耐寒，但对热的耐受力差，由于犬的汗腺不发达，在夏季防暑降温就显得非常重要。大型犬舍要经常开动排风扇，以保持空气流通。家庭养犬可将犬窝放在阴凉处，避免阳光直射。

犬舍内的湿度要保持在 50 ~ 60%。湿度过高，夏季犬的散热机能受到限制，极易中暑；冬季易患感冒等疾病，还容易导致细菌的繁殖。湿度过低，犬舍内灰尘增多，有利于空气中微生物的滋生，对呼吸道有损害，易患肺炎等呼吸道疾病，皮肤和黏膜会感到干燥不适。因此，当湿度低时，可在犬舍内泼洒清水；湿度过高时（多发生在阴雨季节），可采用通风、勤晒勤换铺垫物的方法解决。

9. 怎样让宠物犬进行适量的运动

宠物犬为跑走动物，适当运动对宠物犬的健康十分重要。运动可促使宠物犬的新陈代谢，食欲增强，体魄健壮，而且还可增强其持久力，敏捷性，扩大步样和弹跳力，从而达到增强宠物犬体质的目的。养犬者在与犬一起运动、玩耍中，能增进人与犬的感情。运动应在早晨或晚上进行，因早晨空气新鲜、凉爽；晚上环境安静，没有干扰，犬因具有夜行性的特征，所以周围的景物如同白昼一样清晰可见。犬的运动量因品种、年龄和个体的不同而有差异，一般每日两次，每次 30 分钟比较合适，夏天运动量要小，冬天则可增加。运动方法应视运动目的和品种不同而有所区别。

6 个月龄以内的幼犬，以自由活动为主，早晚进食前运动 10 ~ 15 分钟，也可带到广场或公园自由活动，也可与犬做捉迷藏游戏，幼犬好奇心强，非常喜欢这类游戏；对 6 个月以上的犬，要以短时间的急速运动为主，达到锻炼心肺功能的目的。

不同的运动形式，对于犬身体各部的发育和机能可起到不同的作用。如夏季的游泳锻炼，是很好的全身运动，可使犬的体格发育匀称。可根据不同目的加以选择运动形式。

宠物犬主要进行卫生保健性的运动锻炼。运动归来后，要给犬饮水，再用毛巾擦干全身，刷去灰尘。运动后不可立即喂食，至少应安静休息 30 分钟，否则犬易发生呕吐。

10. 怎样让宠物犬适应项圈和牵引绳

训练宠物犬习惯佩戴项圈和牵引带，应在它的幼年时期进行。选择柔软的小项圈，佩戴之前让宠物犬看一看和嗅一下，然后一边抚摸它的颈部，一边给它戴上；也可以在喂食或游戏的时候，不知不觉地给它套在脖子上。这样，它就会因为进食或玩耍而忘记项圈的存在；还可以选择宠物犬专用背带式牵引绳，佩戴时把幼犬的头和前腿分别套进去，调整好胸背带的松紧度，再将有卡扣的绳子绕到宠物犬背上，从背上将卡扣扣住。牵引绳一般就是连接在背部的卡扣上，这样遛犬的时候宠物犬比较舒适，更容易让它接受并且套得更牢固一些。

假如爱犬戴上项圈后表现出慌张不安，或者想用前爪将项圈搔抓下来，就先帮它解下来，稍微休息后再重复刚才的练习。

当它对项圈习以为常之后，就可以将牵引带连接在项圈上，然后牵着爱犬去散步。犬在散步时心情愉快，可以分散对牵引带的注意力；如果它用力挣扎，可以顺着它用力的方向走；当它啃咬牵引带时，不要用力拉扯，那样它会闹得更欢。可以与它玩耍或把它牵到食盆前，让它忘记牵引带的存在。

 **幼犬乱咬东西怎么办**

对于幼犬来说，啃咬和抓挠物品是天生的游戏行为，一般在宠物犬长牙的时期，由于奇痒难熬，它会啃咬任何见得到的物品，胃肠障碍或有寄生虫病的犬，也会啃咬物品。

当宠物犬处于孤独无聊或受到主人责骂时，还会恶作剧地乱啃家里的东西。作为主人应理解幼犬的咬嚼行为，不要对它拳脚相加，如果伤害了它，它就会变得胆怯。

纠正幼犬乱啃乱咬的方法：

（1）使用苦味喷雾剂：把它经常破坏的物品移走，放在它够不到的地方，或者在幼犬经常咬的物品上喷洒苦味喷雾剂，这样会让宠物犬不愿意再咬这些东西。

（2）提供足够的活动和刺激：幼犬因为无聊或精力过剩也会乱啃乱咬。确保它们有足够的运动和刺激，如散步、玩耍和智力游戏，以帮助消耗多余的能量。

（3）有些幼犬在跟主人一起玩的时候，喜欢把主人的手当作骨头来啃，这时要用严厉的声音制止它，或者适当地给宠物犬一点惩罚，让它明白咬人是不对的。

（4）提供适合啃咬的玩具，如橡胶骨头或绳结玩具，让它们有合适的东西来发泄咬嚼的欲望。

无论何种情况，都要多注意幼犬的行为，如果让它养成恶习就难以改正了。

12. 怎样预防接种和驱虫

选购幼犬时一定要问清宠物犬的原主人，幼犬是否接种过疫苗，是否驱过虫；如果做过，一定索要证明，以便买回后按程序进行疫苗接种和驱虫。如果幼犬原主人告知没有做过疫苗接种和驱虫，那么在买回幼犬后一定要及时进行疫苗接种和驱虫，保证宠物犬的健康。疫苗接种最好到正规宠物医院进行。

（1）定期接种

宠物犬最早可以在出生 30 天后接种第一针幼犬保，然后每隔 21 天接种一次，首年需要接种三次防疾病的疫苗。也可以在 45 天以后接种第一次四联、六联、八联等，同样也是间隔 21 天接种一次，一共三次。

在接种疫苗前，需要在家里养一周以上，不能洗澡，观察其精神食欲和大小便，如果都正常，才可以接种疫苗。以后的每年加强一针预防传染病疫苗和狂犬疫苗即可。在注射疫苗期间，切记不能外出遛玩、洗澡。

（2）定期驱虫

出生不久的幼犬特别容易受到寄生虫的感染，寄生虫会危害幼犬的健康，导致消化问题、营养不良、贫血、呕吐、腹泻等症状。同时，某些寄生虫还可以传播给人类，对人体健康构成威胁。因此，给幼犬进行定期驱虫是保护它们健康的重要措施。在幼犬 25 ~ 30 日龄时需要进行首次驱虫，之后每月驱虫一次，到成年以后每个季度驱虫一次。每次驱虫前要进行粪便检查，根据粪检结果选择相应的驱虫药，以便对症下药，提高驱虫效果。驱虫后要将粪便和虫体集中堆积发酵，作无害化处理，防止污染环境。

13. 怎样给爱犬修趾甲

大型犬和中型犬由于经常在粗糙的地面上运动，能自动磨平长出的趾爪。而小型的玩赏犬很少在粗糙的地面上跑动，磨损较少，而趾甲的生长又很快，过长的趾甲会使犬有不舒适感，同时也容易损坏室内的家具、纺织品和沙发等物，有时过长的趾甲会劈裂，易造成局部感染。此外，犬的拇趾已退化，而在脚的内侧稍上方位置长有飞趾，俗称"狼爪"，它是纯属多余的无实际功能的退化物，能影响步行或刮伤自己。因此，要定期地给爱犬修剪趾甲。

犬的趾甲非常坚硬，应使用一种特制的犬猫专用趾甲剪进行修剪。对退化了的"狼爪"，应在幼犬生后 2 ~ 3 周内请兽医切除，只需缝一针，即可免除后患。日常的趾甲修剪法，除使用专用趾爪剪外，最好在宠物犬洗澡后趾甲浸软后再剪。但应注意，每一趾爪的基部均有血管神经。因此，修剪时不能剪得太多太深，一般只剪除爪的 1/3 左右，并应锉平整，防止造成损伤。如剪后发现犬行动异常，要仔细检查趾部，检查有无出血和破损，若有破损可涂抹碘酒。

14. 怎样剪尾和剪耳

给宠物犬断尾可以让它们的造型更加美观，更符合人类的审美标准。把长尾巴的宠物犬断尾是为了减少它们因尾巴过长遭受粪便的污染。过长的犬尾巴还可能会抽打在灌木、台阶上，导致骨折。断尾还可以有效地降低尾部疾病的发病率。

给宠物犬断尾在它出生后的 3~7 天内较为合适，因为这个时期的幼犬发育得还不健全，尾巴神经还不丰富，不会有明显的痛感。同时在给宠物犬断尾时，要做好消毒工作。剪尾的长短因品种而异，一般在尾椎第一和第二节、第二和第三节、第三和第四节之间进行。断尾后需要在伤口处涂抹上消炎的药膏。

给宠物犬断尾最晚也应在 1~2 月龄以内进行。方法是：术部剪毛、消毒、局部浸润麻醉，在术部上方 3~4 厘米处用止血带结扎止血。助手将尾部固定，保持在水平位置。术者用外科刀环形切开皮肤，然后在皮下向上推移 1~2 厘米，于关节处截断。结扎血管，充分止血后，撒消炎粉，将皮瓣缝合，再用碘酒消毒即可。

如果饲养的宠物犬需要断尾，最好不要在家里自行断尾，要带去宠物医院处理，专业的宠物医生可以更好地处理断尾以及断尾期间的突发情况。

剪耳一般应在出生后 2 ~ 3 个月内进行。剪耳时，给犬戴上口罩，助手固定好头部，先在术部剪毛，然后常规消毒，局部浸润麻醉，用手术刀切开预定处皮肤，钝性分离皮肤和软骨，向耳根方向分离 2 厘米，在该处切除软骨，余下的皮肤自然形成一个套，充分止血，撒消炎粉或青霉素粉，缝合皮肤，用纱布和脱脂棉包裹上，外边包扎绷带固定，防止搔挠。

重点提示

剪耳手术是一项有争议的手术，因为它涉及对犬的外貌进行性改变。在决定进行剪耳手术之前，请充分了解手术的利弊，如果无法拿定主意，请与宠物医生联系，听从宠物医生的建议决定是否剪耳，并选择有经验和资质的宠物医生进行手术。

第二节 宠物犬的饲养

1. 怎样给宠物犬准备食具

宠物犬的食具最好到宠物用品店购买，为犬设计的食具和水盆与我们用的饭碗不一样，它底重边厚，不容易被扒翻。选购时要考虑以下几个方面。

（1）食具不能太浅，以免食物被拱得满地都是。

（2）食具的大小要根据爱犬的嘴巴大小和长短而定，嘴巴长的用较深一些的食具，口鼻短的犬用浅一些的食具。

（3）食盆和水盆的材质无论不锈钢的还是陶瓷的，要选用表面光滑，易于清洗的。

（4）夏天大型犬饮水量大，可用水桶装水供其饮用。

2. 宠物犬的食性有哪些

犬的祖先以捉吃幼小动物为食，世代相传，逐渐形成肉食的特性。犬是食肉动物，但在与人类的长期共同生活中，经过人类长期驯养，其饮食习惯已经大大改变，可肉食或素食，也可杂食。与其他家畜相比，一般草食动物的肠道是体长的10倍，可以通过延长消化时间来吸收营养，而犬的肠道只有体长的5倍，所以只靠植物性饲料不能维持生所需的营养，还必须采食一定数量的动物性饲料。犬有特别发达的犬齿，善撕裂和啃咬，但不善咀嚼，因此，在采食时表现"狼吞虎咽"状。犬唾液腺特别发达，分泌的大量唾液可湿润口腔食物，便于咀嚼和吞咽，并含有许多溶菌酶，具有杀菌作用。

特别是在炎热的夏季，犬需要通过口腔排出体内过多的热量，这对于被毛浓密，体表汗腺不发达的犬来说，意义尤为重大。犬胃液中盐酸含量为 $0.4 \sim 0.6\%$，居家畜首位，便于使蛋白质膨胀变性，利于消化，这也是肉食性动物的主要生理基础。犬呕吐中枢很发达，当犬吃进毒物或变质食物后能引起强烈呕吐反射，乃是一种防御保护本能。

重点提示

宠物犬的大肠壁较厚、肝脏功能很强（约占体重3%），特别有利于脂肪的消化和吸收。但是，犬对粗纤维消化能力很差，主要因为咀嚼不充分，肠管较短，且不具有发酵能力，因此粗纤维食物应该慎重喂。

3. 宠物犬需要哪些营养素

宠物犬食物中需要含有足够的水分、蛋白质、脂肪、碳水化合物、维生素和矿物质等。

（1）水： 水在犬的体内具有重要的生理作用，是犬体内的重要营养物质之一，也是维持犬正常的生理活动和新陈代谢不可缺少的物质。如犬体内营养成分的消化和吸收；营养的运输和代谢产物的排出（大、小便）；体温的调节；母犬的泌乳等，都需要有足量的水分参与。如犬的饮水不足，就会影响其体内的代谢过程，进而影响它的生长发育。犬的需水量与其年龄、体型大小、运动量及当地的气候条件有关，处在生长发育期的青年犬，每千克的体重每天约需150毫升水；成年犬每千克的体重每天约需100毫升水。

（2）蛋白质： 蛋白质是犬生命的基础，没有蛋白质，犬也就没有生命。犬体内的各种组织，参与物质代谢的各种酶类，调节生理功能的各种激素，机体所产生的各种抗体等，都由蛋白质组成；犬在修复创伤，还有更替衰老、破坏的细胞组织时，也需要蛋白质。由此可见，蛋白质是犬维持健康、确保生长发育、维持繁衍和抵抗疾病不可缺少的营养物质。所以犬在日常生活中必须不断地补充蛋白质。

如幼犬的食物中蛋白质含量不足，幼犬就会生长缓慢，发育不良，性成熟晚，而且易患病；怀孕母犬如摄入的蛋白质含量不足，就会影响胎儿的发育，从而发生死胎或畸胎，产后还会泌乳不足；公犬如摄入蛋白质不足，则会性欲降低，精液质量差。但过量地饲喂蛋白质不但造成浪费，也会引起体内的代谢紊乱。

动物性饲料中含有丰富的蛋白质，必需氨基酸的种类也多。虽然有的植物性饲料（如黄豆）也含有较多蛋白质，但必需氨基酸含量少，而且犬对植物性蛋白质的消化吸收也差。

所以对犬来说，动物性蛋白质更为合适。

幼犬每日每千克体重需动物性蛋白 5 克，成年犬每日需要的蛋白质应占饲料干物质的 20～30%。在保证蛋白质含量的前提下，根据条件可多饲喂动物蛋白。在饲喂动物性饲料时，应加热煮熟，以防传染病。

（3）脂肪：脂肪是犬机体所需能量的重要来源之一。脂肪是食物中能量集中的源泉，它可增加食物的可口性，还可帮助脂溶性维生素的吸收。每克脂肪充分氧化后，可产生 9.4×4.18 千焦热量，比碳水化合物和蛋白质高 2.25 倍。脂肪进入犬体内逐渐降解为脂肪酸后被机体吸收。大部分的脂肪酸在体内可以合成，但有一部分脂肪酸却不能在机体内合成或合成量不足，必须从食物中得以补充，这就称为必需脂肪酸，如亚油酸、花生四烯酸等。必需脂肪酸对犬的皮肤、肾脏功能及生殖能力都非常重要，猪油和鸡内脏脂肪中就富含这两种脂肪酸。食物中脂肪缺乏时，可出现消化障碍和中枢神经系统的机能障碍，毛发干燥无光泽，腹侧脱屑，缺乏性欲，睾丸发育不良或母犬发情异常等现象。但脂肪贮存过多，会引起发胖，同样也会影响犬的正常生理机能，尤其对生殖活动的影响最大。

通常幼犬每日需摄入脂肪量为每千克体重 1.1 克，成年犬每日需要脂肪量按饲料干物质计算，以含 12～14% 为宜。

（4）碳水化合物：碳水化合物在犬体内主要用来供给热量，维持体温，也是各器官活动和进行运动中的能量来源。如犬摄入碳水化合物过多，多余的碳水化合物在体内就可转变成脂肪贮存起来，使犬发胖，影响其体形和运动。当食物中碳水化合物不足时，就要动用机体内的脂肪或蛋白质来供应热能，此时，犬就会消瘦，不能正常生长和进行繁殖。含碳水化合物较多的食物主要是植物性食物，如馒头、米饭、土豆、玉米和白薯等。

一般幼犬每日需要摄入的碳水化合物为每千克体重约 17.6 克，成年犬的饲料中，碳水化合物在各种类型犬饲料中应占的比率是：湿料（含水 70 ~ 75%）碳水化合物 20%，其中纤维素 0.6 ~ 1.2%；干料（含水 8 ~ 10%）碳水化合物 65%，其中纤维素 2 ~ 8%。

（5）维生素：维生素是动物生长和保持健康不可缺少的营养物质，其量虽极微，只占饲料的二十万分之一，但起着调节生理机能的重要作用，它可增强神经系统、血管、肌肉及其他系统的功能，并参与酶系统的组成。犬如缺乏维生素，其体内必需的酶就无法进行合成，进而使整个代谢过程受到破坏，引起一系列的营养性疾病，即维生素缺乏症，犬就会衰竭死亡。如犬的饲料中维生素过量，就会产生维生素过多症。

维生素的种类很多，按其溶解性可分为两大类。溶于脂肪不溶于水的维生素是脂溶性维生素，有维生素 A、D、E、K 等；能溶于水而不能溶于脂肪的为水溶性维生素，有 B 族维生素、胆碱、肌醇、维生素 C 等。水溶性维生素不会发生过多症，即使过量摄取，多余的部分也会迅速排出体外，而脂溶性维生素，除维生素 E 之外，较易发生过多症，所以在配制饲料时，应特别注意脂溶性维生素的供给量。

（6）矿物质和微量元素：矿物质和微量元素是构成犬机体的组织细胞的成分，也是许多酶、激素和维生素的组成成分，此外，还起着维持体液和细胞内渗透压以及体液电解质和酸碱平衡的作用。

犬食物中的钙和磷比例非常重要，最合适的比例应为 1.2～1.4：1。农副产品虽能提供丰富的钙，但磷缺乏，在饲料中，钙和磷不平衡的情况较多，所以添加时必须注意钙和磷之间的比例。钙和磷代谢与维生素 D 的关系密切，因钙和磷比例适当时，需要维生素 D 最少。

如每周让犬啃咬生骨头 2～3 次，这是给犬补钙、补磷的好方法。

若犬的机体内缺乏矿物质和微量元素，就可引起多种代谢性疾病，当然，过多也会引起中毒。在饲养过程中，只要饲料不过分单调，犬就可获得机体所需的矿物质和微量元素。

4. 宠物犬常用饲料有哪些

宠物犬的饲料必须营养丰富，各种营养成分的比例也应适当，使爱犬不至于因营养不良而引起疾病。犬的饲料可分为动物性饲料、植物性饲料和矿物质饲料，现分述如下：

（1）动物性饲料：是指来源于动物机体的一类饲料，因其含有丰富的蛋白质，也称为蛋白质饲料，这是犬的主食。动物性饲料来源广泛，有畜禽的肉、内脏、鱼粉、骨粉、奶类、蛋类和其他加工的副产品等。动物性饲料的特点，就是蛋白质含量高，远比植物性的蛋白质营养价值高。动物性饲料还含有较多的维生素和矿物质，如动物的肝脏和脂肪就含有丰富的维生素 A、D、E 等，其中维生素 A 就显得尤为重要，因犬不能从植物性饲料中获得维生素 A，只能从畜禽的肝脏、脂肪和牛奶中摄入来满足自己对维生素 A 的需要。

（2）植物性饲料：植物性饲料的种类很多，来源也方便，价格也低廉，是犬的主要饲料。它可包括农作物果实及其加工副产品，有块根、块茎、瓜类、蔬菜青饲料和粗饲料等。

小麦、大米、玉米和高粱等谷物中含有大量的碳水化合物，能提供能量，其缺点是蛋白质含量低，氨基酸不平衡，必需氨基酸缺乏，无机盐和维生素的含量较低。

大豆、豆饼、花生饼、向日葵饼和芝麻饼等含有较高的蛋白质，但这些植物性的蛋白质仅含有少量的必需氨基酸，其营养价值远不如动物性蛋白质。

植物性饲料中含有较多的纤维素，犬进食后不易消化，营养价值也不高，但对犬的正常生理代谢却有重要意义。因纤维素在体内可刺激肠壁，有助于肠管蠕动，可促进粪便的形成，还可明显减少腹泻和便秘的发生。

（3）矿物质饲料：主要是指骨粉、石粉、磷酸钙、碳酸钙、磷酸氢钙、食盐和贝壳粉等，是保证犬生长发育、不可缺少的饲料。

（4）添加剂：为了提高饲料的适口性和营养价值，应常在犬的饲料中添加适量的添加剂，添加剂包括微量元素、维生素、必需氨基酸、促生长剂和驱虫抗菌剂等多种少量物质。这类添加剂具有防病、促生长、增食欲和防止饲料变质等作用。

 5. 怎样给宠物犬选择饲料

给爱犬选择饲料，特别是动物性饲料和蔬菜、根茎类植物等必须新鲜，切勿贪图便宜，购买腐败变质的饲料，以免饲喂后引起胃肠疾病和食物中毒。为了降低饲料成本，可以选择一些不适宜做人的食品但营养丰富的食物，如骡马肉、驼肉、母猪肉、肝脏、脾脏、蚕蛹和大宗上市的青菜、包心菜（洋白菜）、马铃薯、胡萝卜、南瓜，等等。

在鱼类中有些海鱼，如橡皮鱼（马面鲀）、明泰鱼（朝鲜鱼）等不仅价格便宜，而且都是软骨鱼，做犬的饲料特别适宜。此外，非传染病死亡的畜、禽以及鱼、肉加工厂的下脚料、鸡场孵化小鸡捡出的无精卵、孵化中途死亡的鸡胚（毛蛋）等只要新鲜，经过煮熟消毒，都是犬的很好饲料。

> 钙和磷是犬最为需要的矿物质元素，而动物的骨骼里就含有大量的钙和磷，如鱼粉、鱼肉和鱼骨，一般都含有 5 ~ 6% 的钙，2.5 ~ 3% 的磷。可见，只要经常饲喂一些带骨肉（或骨粉）和鱼，犬就不会出现钙、磷的缺乏。因此，在选择饲料时一定要注意钙和磷的含量。

6. 给宠物犬配制饲料需要注意什么

配制饲料的目的是改善饲料的适口性，便于保存或提高其营养价值。配制饲料的总体要求是保证营养、便于消化、降低成本、讲究卫生。

（1）保证营养全面

配制犬饲料，需根据各种饲料的营养成分及犬的营养需要，合理搭配。首先要满足蛋白质、脂肪和碳水化合物的需要，然后再适当补充维生素和矿物质；先考虑质量，后考虑数量。调制时，应在注意其营养价值和满足犬体需要的基础上，充分利用现有的饲料种类特点，加以合理调配。

配制饲料比应根据犬不同生长发育阶段进行合理搭配，并根据饲料来源、饲喂效果等情况做适当的调整。下面列举几种常见的日粮参考配方。

幼犬配方：玉米粉、碎米、小麦粉共 40 克，豆饼 15 克，麸皮 8 克，薯类 12 克，蔬菜 5 克，鱼粉、鱼杂、动物内脏共 20 克，微量元素、维生素适量。

青年犬配方：麦粉、玉米粉共 50 克，麸皮 15 克，米糠 5 克，豆饼 15 克，鱼粉及动物下脚料 8 克，骨粉 3 克，食盐 0.5 克，生长素 0.5 克，叶菜类 3 克。

肥育犬配方：玉米粉、碎米、小麦粉共 50 克，麸皮 20 克，米糠 10 克，豆饼 10 克，动物油脂及血粉 1 克，鱼粉 4 克，骨粉 2 克，食盐 0.8 克，生长素 0.5 克，青饲料 2 克。

（2）提高消化率

植物性饲料在喂前需进行熟化处理，以增加适口性，刺激犬的食欲，提高饲料消化率，防止有害物质对犬造成伤害。植物性饲料和动物性饲料中的营养不能全部被犬利用，因此在调制饲料时，各种营养物质含量应稍高于犬的营养需要。

（3）注意饲料营养的互补

长期饲喂单一饲料，会引起宠物犬厌食，应适当调整日粮配方。在动物性饲料的选择上，宜多选择鸡肉、牛肉、鱼类、蛋类和奶类饲料，但鸡骨头易损坏犬的口腔和胃。选择植物性饲料时，应注意大葱、洋葱等葱类饲料不宜喂饲，因为这类饲料会影响犬血液的血红蛋白含量，长期饲喂对犬有一定的危险。在保证犬饲料多样化、满足犬的营养需要的同时，应尽可能降低饲料成本。

7. 如何给宠物犬配制日粮

在配制犬的饲料时，应根据犬对营养需要量及犬生长情况，进行合理的饲料调配。在选择饲料时应尽量考虑选用营养丰富且价格低廉的饲料，同时还应注意日粮的适口性及考虑犬的生理特点。现介绍几种饲料配方，仅供参考：

（1）仔犬期

配方1：鸡蛋1个（打散），浓缩骨肉汤300克（先做），婴儿糕粉50克，鲜牛奶200毫升，混合后煮熟，晾凉后再加入赖氨酸1克，蛋氨酸0.6克，添加"快大肥"2克，盐0.5克混匀，溶解后用纱布过滤，装瓶待用。

配方2：瘦肉或内脏500克（绞碎），鸡蛋3个，玉米面300克，面粉300克，青菜500克（绞碎），生长素适量，食盐4克，混合均匀加水做成窝窝头蒸熟。再把赖氨酸5克，蛋氨酸3克，添加剂"微量元素"10克，多维素适量撒在凉窝头上，加少许骨头汤供仔犬舔食。

（2）幼犬期

配方1：玉米面40克，豆饼10克，大米面10克，高粱面10克，鱼粉6克，生长素、食盐各1克。

配方2：玉米面45克，小麦面25克，豆饼15克，小麦麸4克，鱼粉7克，骨粉3克，生长素、食盐各0.5克。

配方3：玉米面45克，高粱面10克，豆饼面10克，麸皮10克，米糠10克，鱼粉10克，骨粉3克，生长素、食盐各1克，另加适量多种维生素和微量元素。

配方4：玉米面47克，小麦面20克，豆饼10克，麸皮10克，鱼粉5克，骨粉2克，蔬菜5克，生长素、食盐各0.5克。

（3）青年犬期

配方：麦粉、玉米粉共50克，麸皮15克，米糠5克，豆饼15克，鱼粉及动物下脚料8克，骨粉3克，食盐0.5克，生长素0.5克，叶菜类3克。

（4）成年犬期

配方：玉米面40克，高粱面10克，豆饼面10克，麸皮10克，米糠10克，鲜鱼粉10克，食盐1克，骨粉2克，肉类7克。

（5）肥育犬期

配方：玉米粉、碎米、小麦粉共50克，麸皮20克，米糠10克，豆饼10克，动物油脂及血粉1克，鱼粉4克，骨粉2克，食盐0.8克，生长素0.5克，青饲料2克。

饲料配方不是固定不变的，饲养者可根据各自的具体条件，适当选用当地的饲料进行科学配合，但能量饲料与蛋白质饲料的比例，应符合上述配比原则。

8. 怎样给宠物犬烹调食物

饲料调制方法不当，会使某些营养缺失。正确的调制方法如下：

生肉：首先要用凉水洗净，浸泡片刻，以防蛋白质损耗，然后切碎，加温水煮沸5～10分钟即可；少数内脏如心、肾等不必煮熟，可直接生喂。蒸煮达到杀菌、肉熟的程度即可，不宜焖烂。含有硫胺素酶的鲤科鱼类，可利用水浸烫或煮沸法来破坏硫胺素酶。

粮食：只需用清水将沙土清洗干净，淘洗次数不可过多，以减少营养成分的损耗。如果需要浸泡，则在浸泡后，将浸泡水和粮食一起倒入锅内煮熟。

蔬菜：应该先洗净后切碎（长度通常不超过 2 厘米），然后放入肉汤中煮熟，不可过烂，防止蔬菜中的维生素流失；也可单煮，然后与肉、鱼粉、骨粉、食盐等一起拌制成饲料饲喂。块根类植物（如胡萝卜、甘薯等）可不去皮，洗净后切成块，单独或与肉汤一起煮熟即可。

植物性饲料：多制成窝头，可有效地防止犬挑食，避免每餐都要烧煮的麻烦，特别是饲养量相当大时，省时省力。如果给犬饲喂残羹剩饭（俗称泔水型饲料，主要从城市饭馆、餐厅取得）时，应注意适当处理，应剔除其中的小碎骨，再加水煮熟以降低其食盐浓度，防止食盐中毒，夏季应注意不能过夜，以防腐败变质而导致肉毒梭菌中毒。

在食物制作过程中，要注意卫生，保持饲料新鲜、清洁，要防止蝇、蚊、鼠等污染饲料，变质的饲料不能喂犬，以免引发传染病或食物中毒。除商品型犬粮外，犬食以现制作现用为宜。煮熟的饭菜在饲喂前应以布或窗纱遮盖，以防苍蝇污染。

9. 购买犬粮时怎样挑选

市面上多见的是干燥型犬粮。干燥型犬粮的种类较多，价格相差也较大，在选择时应主要对犬粮的营养、颗粒大小、硬度、口味、包装等方面综合考虑。相比较而言，大品牌的犬粮在营养配制、生产工艺等方面均较为成熟，而且国内少数宠物食品生产商已设计出单犬种的专用犬粮。因此，在条件许可时，多数人首选大品牌的犬粮。

（1）看营养成分

目前犬粮多为鸡肉口味，但原料可能是鸡肉、鸡肉粉或鸡内脏粉，因此选购犬粮时应考察犬粮包装的具体说明。抓一小把散装犬粮，感受其重量，重量往往反映制造工艺上的不同。如手上残留颜料，表明犬粮在制作过程中增加了色素。优质犬粮应在手上留有一定的油脂和少许小的残渣，闻起来隐约有肉和谷物的味道，腥味不宜过浓。

（2）看颗粒大小

颗粒大于中指指甲的犬粮不适合吻部较短的犬种，颗粒小于小拇指指甲的犬粮不能满足大犬的口味需要，因此在选择犬粮时，应遵循犬只的个体需要，小型犬或幼年犬宜选择小颗粒犬粮，大型犬宜选择大颗粒犬粮。

（3）看硬度

先用手指捏压犬粮，感觉力度，通常犬粮轻捏的硬度与未沾过水的肥皂相似，用力捏时比肥皂的硬度稍硬。抓过犬粮的手上，如残渣较多，表明犬粮较脆，膨化程度高，密度低；如果手感较黏，可能犬粮的用料上有问题。通常小型犬或幼年犬宜选择硬度较小的犬粮，大型犬宜选择硬度稍大的犬粮。

（4）闻口味

犬粮的口味有鸡肉、牛肉等口味，不同类型的犬只对犬粮口味的要求也不尽相同。对于皮肤敏感程度差、消化功能不强的幼犬以及胃肠功能不佳的老年犬，宜选择鸡肉口味的犬粮；对于运动量大、体型大的犬，宜选择牛肉口味的犬粮，有助于补充能量、强健肌肉；对于较挑剔的犬，则可选择口感上较浓厚的动物内脏类（猪肉）口味的犬粮，且应该与其他口味的犬粮搭配使用，以防犬变得越来越挑剔。

（5）看包装

目前市场上犬粮包装规格较多，多是商家为消费者提供方便而设计的，包装上通常有品牌、规格、主要原料比例、厂商等内容，选购犬粮时应仔细观察。饲养大型犬，宜选择3千克或5千克的中型包装犬粮，实惠、方便、易于保存；饲养小型犬或幼年犬，宜选择1千克的小型包装，随买随吃，避免浪费。

不论选用何种类型犬粮，必须通过实践来验证，可通过饲喂后犬体重变化、健壮程度、食欲及成活率等方面来验证。一般而言，犬的所谓最佳饲粮标准为：粗蛋白质含量为20～25%，脂肪含量为5～8%，碳水化合物含量为60～70%。总体来说，饲喂最适合的犬粮后，犬有"食欲旺盛，生长发育好，健康活泼，被毛有光泽，体格健壮，成活率高"等表现。

10. 怎样做到科学喂养

（1）**定时定量**：每天做到给犬喂食要定时、定量。喂犬的时间要固定，不能提前拖后，想什么时间喂就什么时间喂。定时饲喂可以使犬有饥饿感，增强食欲，有利于进食及消化吸收。如果喂犬的时间不固定，不仅影响犬的进食和消化，还容易患消化道疾病。每天给犬喂食要按其个体的大小、不同的需要量给以定量喂。不能忽多忽少，既要防止犬吃不饱或暴饮暴食，又要注意大小不同的犬对食量的差别，最好让犬吃八九分饱为好。

（2）**固定地点和食具**：给犬喂食要有固定的地点和固定的食具。犬有在固定地点睡觉、吃食的习性，有些犬在更换吃食的地点以后常常拒绝吃食或者食欲明显下降，所以给犬喂食的地点要相对地固定下来。喂犬的食具也要固定下来，特别是在饲养2只以上的犬时，一定要做到每只犬固定一个食具，这样可以防止传播疾病。

（3）搞好食具卫生：犬的食具除做到食具专用外，还要定期进行消毒。每次喂完犬后，对食具要清洗，吃剩的食物要倒掉，每周要消毒一次，煮沸消毒或是药物消毒都可以。

给犬喂食应当是现做现吃，最好不要过夜，发霉变质的食物不要喂犬。给犬喂食的盆要大一点，防止犬吃食时把食物弄撒在外面。每次给犬喂食不要添得过多，以盖住盆底为好，让犬舔食，吃完再添，使犬养成不剩食的良好习惯。

（4）给犬饮用干净的水：给宠物犬饮用的水要用清洁的水，不能用不洁的水，如泔水等，以免引起食物中毒、寄生虫的侵入和消化器官的疾病等。喂食的食物温度最好在40℃左右，不要过冷或过热。一般在炎热的夏天可喂冷食，冬季时必须对食物进行加温。

犬吃食的特点是简单地咀嚼食物，囫囵吞下，犬在吃食的时候，主人应随时注意观察它的吃食情况。如果狼吞虎咽很快吃完，并还在舔食盆，则证明犬还没有吃饱，还想吃，那么就要适当地增加一些。如犬不吃或吃食很少，就应查明原因，采取措施，防止疾病的发生。

11. 哪些东西不能喂食

（1）不喂调味剂，如：酱油、味精、胡椒、辣椒、砂糖等。

（2）不喂含酒精成分的饮料，如：白酒、啤酒等。

（3）不喂不易消化的食物，如：白薯（红薯）、芝麻、玉米、大豆、鱼、贝类、海草类等。

（4）不喂零食，以免引起肥胖或造成消化功能不良。

（5）不喂未煮熟或未加工处理的肉类，以免被细菌、寄生虫感染。

（6）不喂生鱼，以免鱼类体内的硫胺素酶破坏营养素，破坏维生素 B_1。

（7）不喂生蛋，以免生蛋清中所含的抗生素与蛋的生物素结合，降低生物素的营养作用。

（8）不滥用食具，做到一犬一盆，以免疾病传播。

（9）不乱更换地方，以免造成犬的食欲下降或拒食。

（10）不乱更换犬的睡觉、大小便场所，以保持犬的良好习惯。

（11）不喂过热、过冷的食物，保持最佳进食温度。

12. 哪些食物会给爱犬带来风险

人们平常吃的食物中，有很多是不能喂犬的，否则可能会带来严重的后果。常见有如下种类。

（1）骨头（尤其是鸡鸭类尖锐易碎的骨头）

很多人以为犬能嚼碎骨头和鱼刺，而实际上，犬并不嚼食物，而

是粗略地用牙齿压碎骨头然后吞下去。骨头的碎片可能会卡在咽喉，或损伤胃部和肠道。传统上人们以为喂犬吃骨头能补钙，其实骨头里

的钙是很难被犬的肠道溶解吸收的，反而会造成呕吐、腹泻或便秘甚至肠道梗阻。有时鱼刺和骨头碎片会卡在食管里或刺伤胃肠道，带来生命危险。

（2）动物肝脏

长期食用可能造成维生素 A 过量甚至中毒，对眼睛和肝脏有严重损坏，还会引起骨头异常生长，最终可能导致瘫痪。

（3）其他食物

①葱或洋葱等这类蔬菜含有硫化物会对犬的红细胞造成损害，进而影响肝脏功能，导致严重疾病甚至死亡。

②巧克力含有的咖啡因和可可碱，是两种对犬以及很多其他物种有毒的成分。这两成分会导致犬严重的肝脏、心脏功能异常和脑损伤，最终引发癫痫。注意：巧克力对犬可能是致命的！

③葡萄干和葡萄会引发肾衰竭。

④海鲜等易过敏的食物。和人类一样，一部分犬会对海鲜过敏。

⑤高糖、高脂肪、高盐分的食物会引发肥胖症等疾病。

⑥生肉、鱼和鸡蛋。如果犬吃了生肉和生鱼，可能会感染寄生虫；如果食用的鸡肉做法不恰当或者食用生鸡蛋，则可能感染沙门氏菌。另外，生鱼中的硫胺酶和生鸡蛋中的卵白素，会干扰一些重要维生素的吸收。

⑦牛奶。幼犬断奶后就不需再喝奶了，继续喂奶可能会引起肠胃不适。

第三章

宠物犬的清洁与美容

1. 怎样搞好犬舍卫生

犬舍是宠物犬栖息的场所，卫生条件的好与坏直接影响犬的身体健康。因此，犬舍必须保证干净卫生，要做到每天清扫，随时清除粪便，每月大清扫1次，并进行消毒，每年春秋进行两次彻底的消毒。常用的消毒液有3～5%来苏水溶液、10～20%漂白粉乳剂、0.3～0.5%过氧乙酸溶液、84消毒液、含氯消毒粉等。对犬床、墙壁、门窗进行消毒。喷洒完以后，将门窗关好，隔一段时间再打开门窗通风，最后用清水洗刷，除去消毒液的气味，以免刺激犬的鼻黏膜，影响其嗅觉。对患病犬要彻底清换犬舍的铺垫物，用过的铺垫物应集中做无公害处理。

2. 为什么要给爱犬洗澡

宠物犬需要经常洗澡，因为犬体时常有分泌物，分泌物黏在犬毛、皮肤上，招致尘埃和皮屑等的蓄积，为细菌和寄生虫的繁殖提供了条件，易导致皮肤病。同时，这种分泌物还散发一种难闻的气味，俗称"犬臭"。因此，洗澡的目的是清除犬体皮肤和被毛上的分泌物、污垢、微生物和寄生虫（跳蚤、虱子等），防止皮肤病的发生，有效地消除犬体的臭味，建立人犬之间的和谐关系，保持室内卫生。

　　洗澡的次数应根据季节和犬身体的污染情况而定。 夏季应经常洗澡（每周 1 次即可）；春秋雨季可选晴朗的天气洗澡；冬季除非特殊需要一般不洗澡，防止犬感冒生病。家养的长毛犬，洗澡次数要多一些；玩赏犬不论春、夏、秋、冬均应定期洗澡。

3. 如何使用洗毛剂

　　犬用洗毛剂一般不宜用人的洗发膏代替，后者的碱性较强，一旦使用可能损伤犬的皮肤和被毛。最常用的犬用洗毛剂是宠物香波，它是根据犬的毛质特点专门设计和生产的去污、护毛洗浴剂，剂型有液体和固体之分，品种较多，分别适用于软毛犬、刚毛犬，也有专用于白毛犬的，还有药用洗液、强力去污洗液之分。给犬洗澡时，配合使用适量的洗毛液，可使犬的被毛柔顺、亮泽、蓬松。

　　优质的犬用洗毛剂不仅泡沫丰富、刺激性气味较弱，而且有洗浴后不伤皮肤、去污力强、能使犬毛光亮的特点和作用。在使用洗剂时，要根据产品的使用说明进行稀释。在家里给犬洗浴，最好不用强力的杀菌、去污洗剂，以免使用不当而伤及犬的皮肤、被毛，甚至破坏毛的颜色。若必须使用时，宜请宠物犬美容师给予指导。因此，建议养犬者在选购犬用洗毛液时，应仔细地向宠物店工作人员进行咨询。

对于还不能用水洗澡的幼犬，可用粒子吸附型的粉状干洗剂进行体表的局部清洁，但要注意清洁后尽量不让它们残留在皮肤上，以免产生刺激而引发皮肤疾病。

药物洗毛剂含有杀菌剂或除虫剂，去污力虽较弱，但有较强的软化表皮角质层、去除皮垢的作用，若长期或频繁地使用，会使皮肤变粗糙而降低皮肤的抵抗力。

含有漂白成分的洗毛剂不可用于非白毛犬，否则会引起被毛变色。即使白色被毛的犬，也不可频繁使用，而且在使用时应接受美容师的指导。

4. 常用的淋浴用品有哪些

浴头： 在给犬洗澡时用淋浴头冲去被毛上的洗毛剂，也可用其他的喷水装置代替，但要保证水流足够大而不呈细雾状，并有一定的冲击力，足以把黏附在被毛上的洗液和污物冲洗干净。

小喷雾器： 用于向犬的被毛上喷洒少量的护毛素、定型液等。

浴刷： 橡胶制成，给犬洗澡时，用来搓洗或理顺被毛。

吸水毛巾： 相当于人用的浴巾，吸水力很强，在大洗浴过程中和洗完后都可用到。在给犬洗完澡后，宜用它把犬体包住，使被毛保持湿润以便于打理，而且可将被毛中残留的大量水分快速吸干，以避免自然蒸发的时间太长而引起犬感冒。

吸水毛巾在用前宜保持干净、干燥和无菌。用过后及时放入消毒液（如 0.2 ~ 0.5% 84 消毒液）中浸泡 10 分钟以上，取出后洗涤干净并自然晾干即可。

吸水毛巾最好单独使用，并在用后按要求进行消毒处理，这样会避免交叉感染而对犬更安全。

吹水机： 其作用是把犬洗浴后残留于被毛中的水分迅速而彻底地吹干，但又不会像用吹风机那样经较长时间烘干而引起犬的被毛干涩、无光泽。市场上有很多不同类型的吹水机，性能好的产品还可以调节温度和风力。

吹风机： 用于将长毛吹干、拉直，常用的为手持式电热吹风机，另有壁挂式烘干机等多种机型可供选购，有的机型在使用中还可根据需要调节风机的温度。

上妆粉： 一般用于参展犬的比赛前化妆。有瓶装的粉剂和粉条两种，又各有白色、黑色和褐色等色别，可依犬体特定部位的毛色进行选择和使用。

定型液： 有液体、膏状、凝胶等剂型，用于犬体一定部位被毛的定型。

重点提示

染毛剂一般多用于白色犬的被毛染色，比如贵宾犬、京巴犬等，可把爱犬打扮得异常靓丽，使之显得更加活泼可爱。市售的宠物犬染毛剂有普通染剂、喷剂以及一次性染剂，有的产品还配有相应的犬用趾甲油。利用不同的商品染色剂，可以调配出无数种的色彩。高质量的犬用染色剂对犬体无害，可以放心地使用。

5. 洗澡前如何做准备

有些犬在洗澡前可以把多余的毛先修剪一下，这样可以去掉许多不值得洗、吹干和梳理的多余的犬毛和碎物，缩短毛发烘干的时间，如毛量大的厚毛犬（如多毛的贵妇犬）。也可先进行局部修剪，如猎

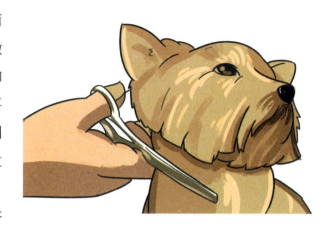

犬的脚部、臀部坚硬而脏的毛结。但是这样做往往会严重磨损剪刀和刀片，在修剪后一定要把刀片清洗干净，否则刀片会被泥、沙、毛发等碎物堵塞。

洗澡的设施要齐全，包括浴缸、橡皮垫子、喷雾软管、洗毛剂、吸水毛巾等。浴缸一般要求宽敞、卫生、舒适、排水顺畅，齐腰的高度便于美容操作。洗澡前先要把犬放进浴缸，这项工程对于大型犬来说比较困难，可以找个帮手，先把它的前爪放在浴缸上，再把后部抬起来，推进浴缸。还可以让犬沿斜梯走进去，或者是靠浴缸放个台子，鼓励犬自己跳进去，当犬习惯了美容之后，大多数都会乐意配合。浴缸内最好垫上橡皮垫子以防犬滑倒。有的还在浴缸上面的墙上钉上钩子，把拴犬的绳索挂在上面以固定犬，但有些犬不愿被束缚，拴与不拴因犬而异。

洗澡之前用棉团把犬的耳朵塞上以免进水，水温要求 35 ~ 45℃，夏天要低些，冬天要适当高些，洗浴前用手臂试水的温度，感觉不烫即可。

6. 怎样给爱犬洗澡

给犬洗澡方法有两种，常用干洗法和水洗法。

（1）干洗法

干洗法不用水洗，而用洗毛粉。操作方法是先把干洗毛粉均匀地撒在犬毛上，隔 15 ~ 30 分钟后，全部擦去，而且要从前向后擦，注意勿让粉末进入眼眶和鼻孔，以免吸入。洗毛剂含有吸收物质，如硼酸、滑石粉、温和碱性物质，可清除多余的油脂和污垢，还具有爽身、使毛干爽的作用。凡是浅色和长毛的品种，皆宜用干洗法。如用水洗，易使毛变软，水洗后长毛弄干较麻烦。但如果犬体太脏或油质太多，便不宜干洗。深色或黑色犬也不宜干洗，因留在毛上的多余干洗粉看上去像皮屑。

（2）水洗法

给犬水洗的操作方法是先让犬熟悉水性，逐渐适应，要循循诱导，不可过分强制，以免犬讨厌洗澡。当犬入水后，先用手把水轻轻撒在它的身上，待其适应而平静后，再用海绵块或毛巾将毛全部浸润，然后用梳子边梳洗边用洗毛剂轻轻搓洗，待将身体上的污垢和油脂洗掉后，再换一盆清水，将犬毛在清水中漂洗干净，并用毛巾擦干全身被毛，最后可用电吹风吹干被毛。边吹边用梳子梳理，切忌在太阳光下暴晒。为了梳理方便，可在犬毛上撒少许爽身粉，使被毛光滑。

7. 洗澡后如何吹干

给犬洗完澡后，可往犬的耳朵内吹一口气，引起它抖毛而甩掉一部分水，再用干的吸水毛巾顺毛擦去残留的水分，随即用干毛巾把犬体包起来，只将头部露出。先把头部的被毛吹干。在吹风的过程中，出风口不能离犬体太近，要保持20厘米左右的距离，而且要不断地移动吹风机，不要长时间地只吹同一部位。一边吹风一边用针梳快速地梳理，把被毛拉直，若梳得过慢，被毛一干燥就拉不直了。在吹眼部周围时，气流不宜垂直于皮肤，要顺着毛势吹。

在吹风和用针梳梳理时，操作部位以外的地方务必要用干毛巾覆盖，以免那些地方的被毛在拉直前就已经变干。

头部的毛吹干后，依次向后把局部的被毛暴露出来并吹干和梳理，直到把全身的毛都吹干、拉直。最后，再把被毛通体梳理一遍，并用尖端缠有脱脂棉花的止血钳清理外耳道。

重点提示

对细茸毛（底毛）缠结较严重的犬，应以梳子或钢丝刷子顺着毛的生长方向，从毛尖开始梳理，再梳到毛根部，一点一点进行，不能用力梳拉，以免引起疼痛和将毛拔掉。如果打结严重，可用剪刀顺着毛干的方向将结团剪开。

8. 给爱犬梳毛有什么好处

由于天气的原因，宠物犬在每年的春、秋两季都要换毛，而在室内饲养的犬一年四季都会有毛生长和脱落。这些脱落的被毛会粘附在室内的各种物体和人的身上，不但影响美观和卫生，还会影响人的身体健康。因此，经常给犬梳理被毛，不仅可将脱落的被毛梳去，还会梳去污垢和灰尘，防止被毛缠结成毡状，增强皮肤的血液循环和抗病能力，解除疲劳并能防止发生寄生虫病和皮肤病。坚持给犬梳毛还会增强人和宠物犬之间的感情。

另外，宠物犬经常在户外活动，身上必然带有脏物和细菌，不仅有碍于观赏，发出的恶臭也会影响身体健康。不洁的皮肤则能形成跳蚤和虱子繁殖的温床，给周围环境造成了污染。特别是换毛期，毛随灰尘到处飘扬，对人类也有害处。所以，必须给犬经常梳洗和修饰。

9. 常用的梳毛工具有哪些

犬用梳具有多种，如排梳、针梳、分线梳等，给犬梳毛时，要使用专门的梳理工具，不宜使用人用的梳子。在给长毛犬类进行梳理时，一般可用不易扯断被毛的针梳或大直排梳。将多种梳具恰当地配合使用则可获得更好的效果。

在梳齿垂直于犬的皮肤梳理时，应避免划伤皮肤。梳理面部被毛时，要时刻提防刮伤眼睛。

（1）针梳：针梳有大、中、小三种型号，多由塑料做基板，基板上附有具弹性的胶质面板，其上植有多排梳针。另有一种针梳基板为木质，带有木质手柄，也称为木针梳。在犬的被毛护理与美容工作中，针梳是最重要的工具之一，使用频率颇高。梳毛时，梳的针末端可很容易地深入到毛层的基部。在给犬吹风时，常用它将毛拉直而便于吹干较深部的毛层。在梳理轻微缠结的毛时，它可把缠绕在一起的毛拉直而解开毛结。如果遇到严重的缠结毛团，它的弹性构造可避免将毛扯断而减少对毛的损害。

（2）钉梳：也称钉刷、奥斯特梳子。在条形的梳子头部，排列有多排尖部呈微球形的钉子，带有塑料或木质手柄，常用于梳理长毛犬的被毛。用它梳毛既可避免毛纤维打结，又可避免伤及毛干。在使用中，要仔细有序地分层梳理，既可顺着毛的方向梳，以把毛梳顺，必要时也可逆毛梳而把轻微缠结的毛梳开。

（3）鬃刷：不带柄的称鬃刷，带有木质手柄的习称板刷，用猪鬃、马鬃或野猪毛等材料制成，有大、小两种型号，质地也有软硬之分。软质的鬃刷适于给软毛犬类梳理之用，硬质的鬃刷则适用于刚毛犬种的刷毛和按摩。

（4）分线梳：也称为分界梳，除了可以梳毛外，其柄部有一细长的分线针，可以插入毛层内把长的毛挑起来。在给西施犬、约克夏犬、马尔济斯犬等长毛犬类进行长毛的分界、包毛、扎髻时使用。

10. 常用的修剪工具有哪些

常用的修剪工具有开结刀、刮毛刀、各种剪刀和电推等。

（1）开结刀：它的尾部是塑料或木质的手柄，头部带有少量弯曲的齿形刀片，用于处理非常严重的缠结毛。当犬的被毛缠结得无法用针梳分开时，可用开结刀将毛团分离开，但会切断一部分毛纤维。

（2）刮毛刀：也常被称为拔毛刀，有细齿和粗齿之分。它是用于刚毛犬类如迷你雪纳瑞犬、刚毛猎狐犬和刚毛腊肠犬等的疏毛工具，用于将多余而已发育成熟的外层硬毛连根拔掉。在需拔除大量的毛时用粗齿刮毛刀；只需拔少量的毛或在需要极精细地进行操作的部位拔毛时，要使用细齿刮毛刀。

（3）**直剪刀**：用于把毛剪出造型，通常以7寸直剪刀最为常用。遇到大型犬只，可根据需要选择大型号的，如大型贵宾犬就宜选用8寸的直剪比较合适。

（4）**牙剪刀**：也称打薄剪，其一侧剪刀为平口，另一侧则为梳齿状。用于修剪相邻部位交界处的长毛，使修剪后的结合部被毛看起来自然、流畅而不留下剪过的痕迹。

（5）**弯剪刀**：其尖部弯向一侧，在犬的美容工作中，多用于把毛修剪出圆弧形线条，在此情况下用它修剪比用直剪方便、快捷。

（6）**小剪刀**：即5寸的剪刀。医用的眼科剪是一种最适于进行精细操作的直型小剪刀。此类剪刀一般用于修剪犬的耳缘毛、足底毛和唇部毛。

所有的直形剪刀在使用中都不要把尖部对着犬的身体，以免发生刺伤或剪伤。

（7）**电推**：也是在宠物犬美容工作中最常用的修剪工具。电推的种类和刀头的型号均有多种，最常用的刀头有1号、1.5号、3.2号、5号、7.5号、8.5号、9号、10号等。使用不同型号的刀头，就可得到不同的修剪效果，比如剃除犬的足底毛或欲使皮肤露出，常使用1号刀头；推背部毛时常用3号或5号刀头。刀头一旦损坏，宜选配与原品牌和型号相同的产品。

重点提示

在操作中，体表多皱和不平的地方不宜使用厚刀头，而且在任何情况下都不能把皮提起来剪，否则会发生皮肤剪伤事故。犬体上最易剪伤的部位有面部、颈部、耳朵、尾部、四肢关节处以及乳头等。电推的刀头相当锋利，在操作中要注意不可剃伤犬的皮肤。

11. 怎样给爱犬梳毛

梳毛的基本原则是从前到后，从上到下，顺着毛的方向进行或按先顺后逆、再顺的方式进行。梳毛的顺序为：首先梳头部，再依次梳颈部、前胸、肩部、前肢、背部、腹侧部、腹下部、臀部、尾部、股部和后肢。

梳毛的基本方法是先顺着被毛的方向清除表面的灰尘，再逆着被毛方向除去毛根部的油垢，最后再仔细顺着毛的方向梳整齐。然后用毛巾、软皮革等软物进行擦拭，使毛光亮，增加魅力。对于玩赏犬，为了增加被毛的光泽，常可在毛巾上涂些护毛油进行擦拭，特别是那些被毛粗糙、脆弱的犬，涂一些护毛油可增加其光洁度。梳毛完毕，常需用两块清洁的布片，一块用清水擦拭口、眼、鼻、耳等；另一块用清水擦拭肛门、阴门和趾间。用后将布片洗净、消毒、晒干保存，备用。

12. 梳毛时有哪些注意事项

（1）梳毛时应使用专门的器具，不要用人用的梳子和刷子。铁梳子的用法是用手握住梳背，以手腕柔和摆动，横向梳理，粗目、中目、细目的梳子交替使用。梳子的用法是用手腕的力量，刷子的齿目多，梳理时一手将毛提起，刷好后再刷另一部分。

（2）梳毛时动作应柔和细致，不能粗暴蛮干，否则犬会疼痛，梳理敏感部位（如外生殖器）附近的被毛时尤其要小心。

（3）注意观察犬的皮肤。清洁的粉红色为良好，如果呈现红色或有湿疹，则有寄生虫、皮肤病、过敏等可能性，应及时治疗。

（4）发现蚤、虱等寄生虫，应及时用细的钢丝刷刷拭或使用杀虫药物治疗。

（5）如犬的被毛沾上污渍较多，在梳毛的同时，应配合使用护毛素（1000倍稀释）和婴儿爽身粉。

（6）在梳理被毛前，若能用热水浸湿的毛巾先擦拭犬的身体，被毛会更加发亮。

13. 怎样让犬毛光泽、美观

要使犬毛有光泽、美观，可每天给犬多喂富含蛋白质的饲料。含有维生素 E、维生素 D 的添加剂和海藻类食物、蔬菜等，如瘦肉、煮熟的蛋黄、植物油等，少喂富含糖分、盐分、淀粉等的食物。肥胖而脂肪堆积的犬，一般毛质都比较差。

同时，要给犬多作日光浴，多吸收紫外线，并且经常运动，以促进其血液循环，使其长出健康的毛发。

为保护犬毛，每天要替它梳毛，如有条件，最好给它涂上薄薄一层护毛油。要使毛色光亮，还要注意不要让犬进入卧室，应该饲养在较寒冷的场所。

贵宾犬等短毛犬在洗澡后，应该用浴巾擦拭，这样能使被毛光润可爱。

北京犬、马尔济斯犬、博美犬和阿富汗犬等长毛犬在洗澡后，可用喷雾器装上蒸馏水，在犬毛上薄薄地喷一层，能使毛发蓬松，看起来丰满、美观。

14. 怎样给爱犬做眼部清洁

某些眼球大、泪腺分泌多的犬，如北京犬、吉娃娃、西施犬、贵妇犬等，常从眼内角流出多量泪液，沾污被毛，影响美观，要经常检查眼睛。当犬发生某些传染病（如犬瘟热等），特别是患有眼病时，常引起眼睑红肿，眼角内存积有大量黏液或脓性分泌物，这时要对眼睛精心治疗和护理。其方法是用2%硼酸棉球（也可用凉开水）由眼内角向外轻轻擦拭，不能在眼睛上来回擦拭，一个棉球不够，可再换一个，直到将眼睛擦洗干净为止。

擦洗完后，再给犬眼内滴入氯霉素眼药水或红霉素眼药膏，以消除炎症。有些犬，如沙皮犬和北京犬常因头部有过多的皱皮或眼球太鼓，而使其眼睫毛倒生。

> 倒生的睫毛可刺激眼球，引起犬的视觉模糊、结膜发炎、角膜浑浊（角膜翳），对此应请兽医做手术，割去部分眼皮（类似人的割双眼皮整容术），但如果手术不太好时，反而使眼皮包不住眼眶，甚至眼球露出。简易的方法是将倒睫毛用镊子拔掉。沙皮犬的倒睫毛是有遗传性的，所以，购买沙皮犬时，除了要查清其血统外，还要了解其父母有无倒睫毛的缺点。

15. 怎样清洁爱犬的耳道

犬的耳道深，很易积聚油脂、灰尘和水分，并容易寄生螨虫，尤其是大耳犬，下垂的耳壳常把耳道盖住，或耳道附近的长毛（如贵妇犬、北京犬等）也可将耳道遮盖，这样耳道由于空

气流通不畅，易积垢潮湿极易感染耳痒螨而使耳道感染发炎。因此，要经常检查犬的耳道，如果发现犬经常搔抓耳朵，或不断用力摇头摆耳，说明犬耳道有问题，就应及时仔细地检查。如耳道红肿，有红褐色分

泌物，并散发腥臭味，说明耳道发炎，可能有螨虫感染。此时可用长春军需大学兽医研究所研制的癣螨净886擦剂向耳道内滴入2～3滴，再用棉签将耳道擦净。正常犬一个月清洁1次。病犬2～3天1次，平时也可用酒精棉签伸入耳道内，缓慢旋转，将耳道内污垢及时清理出来。

此外，应定期修剪耳道附近的长毛，洗澡时防止洗发剂和水溅入耳道。

第二节　宠物犬的美容

1. 怎样建一个犬美容操作台

　　在给犬进行美容等操作时，可将犬妥善地固定于美容台上，一定要注意将犬固定稳妥，以免在操作中发生意外。

　　宠物犬美容操作台有多种规格，可根据大小不同的犬体型进行建造。美容台的台面，也有多种色彩可供选择，以便于为某些色型的犬提供清晰的背景而有利于美容师进行操作。有的美容台的高度可以随意调节，但以固定型较常见。

　　合适的美容操作台有助于培养良好的操作习惯，方便舒适地工作。理想的美容操作台必须光线充足，移动自如，易于清理。无论是浴室一角，还是阳台上，要选择一个固定的地方。爱犬会受到环境的影响，意识到这是美容场所，也会为即将要发生的事情做好心理准备，采取顺从配合的态度，有利于美容顺利进行。

美容工具如刷子、梳子、剪刀以及其他需要的东西可摆放在一个或几个篮子里，确保在视线范围内且触手可及，使用完后再妥善保管起来。

对于小型犬，要选择一个大小合适的美容桌，高度适当，易于梳理；表面防滑，以保证爱犬安全舒适地站立。或者，把更小的玩具犬放在铺有毛巾或防滑垫的浴室台上；大个头的爱犬可站在地板上接受美容，美容师可坐在凳子上随时变换位置，以舒适为准。

 2. 为什么说给犬美容是一项复杂且细致的工作

宠物犬美容是在清洁卫生的基础上进行的，美容并不是任意地将犬毛剪成自己喜欢的样子，而是要利用修饰犬毛的方法尽量地掩饰犬的缺陷，夸大发扬它的长处，以便把该品种的特征突出地表现出来。如果美容恰到好处，可令宠物犬身价倍增。

一只优美的犬，它的脸应该昂头而视，显得神采奕奕。走路时，尾巴应向上抬起，如斗牛犬，尾巴可比背部低些，多数犬尾巴比背部要高，有些犬尾要全部卷起在背部。

一只优美的犬，品种特征要明显。如松狮犬、北京犬等，脖子越粗越好；刚毛猎犬、大麦町犬、德国牧羊犬等，脖子要高且直立。如阿富汗猎犬、杜宾犬、英国牧羊犬等，背部看起来（自脖子到后腰部）应呈斜坡形；约克夏犬、马耳他犬等，背部看起来，应呈水平状。

一只优美的犬，它静止时，双腿要直立对称，两眼生光，下颚抬起，脖子伸直，胸部挺起，尾巴上扬或卷在背部，体毛蓬松有立体感，耳朵自然竖起或垂下。看起来，精神十足，聪明机警。它运动时，双腿生风，疾若狡兔，迅若雄鹰，全身协调美观。

犬的美容，是一项细致复杂的工作，它不同于简单的日常生活管理。犬的美容工作，既要付出大量时间和精力，又要耗费大量财力，涉及面广，是一件要求较高的艺术工作。

3. 犬用饰品有哪些

犬用饰品种类很多，通常以小型玩赏犬佩戴最为常见。

（1）头上饰物

有各种头花、花式头套等，用于扎头髻和装饰头部。

（2）颈部饰物

①三角形领巾，棉布其上有绣出或印有好看的花纹、图案；市售的有大、中、小三种规格，长度分别为 36 ～ 45 厘米、26 ～ 35 厘米和 15 ～ 25 厘米。给犬佩戴时，要选择适当的宽度，以长边的两端在犬的颈部背侧打结、另一角游离于犬的前胸部为宜。

②颈圈和颈链既有管理方面的价值，也有装饰作用，也可在其上佩挂其他的小饰品，如铃铛或发光的标识等。

（3）犬鞋

犬鞋为冬季外出活动时护足保暖用。为了保证犬足部排汗通畅和防止汗液蒸发引起冻伤，故犬鞋不宜久穿。

（4）犬用背包

供宠物犬外出时套在背上，内装一些用品，如处理犬粪用的小铲子、卫生纸、塑料袋等。犬用背包的形式多样，有上开口或者前开口，但内放的东西都不宜太多、太重，免得犬背的时间过长造成劳伤。

重点提示

在气温实在太低的时候，可以给短毛的小型犬穿一件犬衣，但对于原产地在高纬度的北方地区和长毛犬来说，穿犬衣就完全没有必要了。另外，给犬穿衣会对犬的生理活动产生一定的消极影响，使犬变得脆弱，抗寒力和抵抗力均会降低。

4. 常用的修剪手法有哪些

适宜的美容修剪可以展现犬种完美的身姿。为了取得较理想的剪毛效果，在修剪的过程中，每时每刻都要留心观察并与相邻的部位进行比较。常用的修剪手法包括以下几种。

（1）**衬托法**：这种手法是为了使某一局部变得突出，加大其与邻近部位的差异。对于颈部较短的犬，把颈部的毛多剪去一些，这样在较大的头部和厚重的躯体前后衬托下，颈部就显得细长、明显了。

（2）**紧缩法**：把突出部位的毛多剪掉一些，使之有所收敛，凹陷处的毛留的长一些，显得丰满。例如，四肢弯曲而导致姿势不正的犬，可将腿凸曲部位大弯处的毛多剪去一些，而凹弯处适当留长一些，这样从外观上就不易看出其原来向外突出的缺陷了。

（3）**扩张法**：把凹陷部位周边的毛剪去，就会使凹陷处的面积变大。在犬的美容实践中，对眼睛较小的犬，通常只需沿着上眼睑的边缘线适当地剪掉几毫米宽的新月形毛，它的眼睛就会显得大了。

（4）**自然过渡法**：此法恰与衬托法相反，原理在于消除邻近部位之间的差异，使两者结合得非常自然、流畅。例如，对头部较大的犬，可将其头部的毛留得短一些使之缩小，而颈部的毛留住不剪，以减小颈部与头部的反差，使头部显得不过大。

此外，犬的被毛冬天则宜留得长些，夏天可适当地剪短些，还可以结合修剪，采用烫、染等方法，把犬的被毛装点得更加美观。

5. 怎样刮毛与拔毛

刮毛和拔毛是刚毛犬类通用的疏毛手法，两者的共同点是都可将发育成熟的多余硬毛连根拔除，区别在于刮毛时要借助于刮毛刀，并且也可只将过长的犬毛刮短，而拔毛是用手指进行完全拔除的手工操作。使用刮毛刀时，用它的梳齿把毛梳起并紧靠在刀架上，顺着毛的伸展方向用力，就可将它们连根拔掉。若操作处的皮肤较松弛，要用另一只手将皮肤压紧后再拔，以免伤及皮肤。使用刮毛刀时，要保持一定的力度和恰当的方法，否则就难以取得理想的效果。

在刚毛犬类的美容实践中，手工拔毛是用拇指和食指进行操作，一次只捏住少许几根需要拔除的毛，顺着毛的生长方向用力将其拔掉。拔毛时，可在手指上蘸一点拔毛粉，以增加摩擦力而易于把毛拔掉，但不宜将毛缠绕在手指上拔，这样容易将毛拉断而无法将其连根拔除。

4～6月龄的刚毛幼犬需通过拔毛进行梳毛。吻部和四肢的毛，常需根据毛的生长情况分几次进行拔除和修整。用于参展的刚毛类犬，在临参展前5～7天，也有必要进行拔毛，把正在或即将脱落的死毛除去。

拔毛工作宜在天气晴朗、空气较干燥的日子里进行，以免毛孔发生感染。

 ## 6. 怎样给北京犬做美容

优良北京犬的外貌特征应是有美丽的长毛、丰满的鬃毛和各部位的饰毛，头顶平且宽，耳朵与头顶平，紧贴于头部，颈部短而粗，背线很直，胸部广而深，尾根高有多量长的饰毛，被毛粗但有柔软感，耳、腿、四肢、尾、趾部有多量饰毛，特别是颈部的鬃毛长而多。根据这个特征，在给北京犬美容时，对脸部较薄的毛可用梳子梳理，稍作修整，而脸部较粗硬的毛（须、触毛等），可用剪子小心剪短，耳朵以有长而密的毛为佳，但脸部最好不要有太多的毛，因此，对耳部的底毛可用粗目剪毛剪修剪掉。北京犬的眼睛大而圆，又稍突出，易受灰尘和脱落毛的侵入，故应经常用2%硼酸棉球或凉开水棉球轻轻地由眼内向外擦拭，以除去异物。夏天天气热，可用电动剪刀由腹部向胸部内侧和外侧看不到的部位剪去约 1 厘米长的毛。尾部的长毛以梳子左右等分梳理，使其自然下垂。对脚内侧多余的毛和趾间的毛要按脚形修剪。

犬身上局部的毛可以留得长一些，会产生丰满的效果，看起来体型大。体形单薄的犬也可通过把毛留长些而使它看起来比较粗壮。对于头部较小的犬，修剪时把头上和颈部的毛留得长一些，耳毛也不宜剪得太多，使头部与躯体的比例显得协调，就会产生头部不小的视觉效果。

7. 怎样给西施犬做美容

标准式西施犬的外貌应是全身被长毛所覆盖，头盖为圆形，宽度一定要广，耳朵大，有长而漂亮的被毛覆盖。耳根部要比头顶稍低，两耳距离要大。体躯圆长，背短，但保持水平。颈缓倾斜，头部高抬，四肢较短，为被毛所覆盖。尾巴高耸，多为羽毛状，向背的方向卷曲向上，长毛密生，不可卷曲，底毛则为羊毛状。据此特征，在对西施犬美容时，体躯的被毛由背正中线向两侧分开，背线的左右 3 厘米处涂上适量油脂以防被毛断裂。为了防止腹部的毛缠结和便于行走，对腹下的被毛应剪掉 1 厘米左右。为了使翘起的尾巴更好看，可在尾根部剪去 0.5 厘米宽的被毛。脚周围多余的毛，应尽可能地剪去。让犬站在修剪台上，对其体毛的下部（下摆）修剪成稍比脚高些（即毛的长度高于脚面），但是太长就会影响其行动，不能充分发挥其活泼的特性。

西施犬的毛质稍脆，容易折断和脱落，脸部的毛也长，容易遮盖双眼，影响视线，因此，对这些长毛应实施结扎，以防折断和脱落，也可增加美观。结扎的方法是：先将鼻梁上的长毛用梳子沿正中线向两侧分开，再将鼻梁到眼角的毛梳分为上下两部分，从眼角起向后头部将毛呈半圆形上下分开，梳毛者用左手握住由眼到头顶部上方的长毛，以细目梳子逆毛梳理，这样可使毛蓬松，拉紧头顶部的毛，绑上橡皮筋，再扎上小蝴蝶结即可。也可将头部的长毛分左右两侧各梳上一个结或编成两条辫子。

8. 怎样给博美犬做美容

标准博美犬应充满美与活力，丰满的身躯与充足的毛量，性情温顺，走路时很有活力，表情开朗。头的轴型特长，头盖扁平。耳只占头部的极小部分，脸以短小为好。眼睛凹陷，卵型，给人以小而优雅的感觉。胸部不要太宽，自喉头、胸部至前肢应呈一条直线。尾根部稍高，不要太低，长粗的饰毛应保持在背中央部分。

一般是用剪子将全身毛剪成圆形。修剪时为了保持良好的体型和整齐，应以梳子将毛梳起然后再修剪，耳尖要剪成圆形。尾根部以电动剪剪至 1 厘米宽，这样尾巴由背部卷曲直达耳部。爪部的毛要剪短，脚尖部的长毛要剪短，外观似猫脚状。

重点提示

　　犬的美容方法很多，目前我国这方面的工作已经开展。个人可根据自身条件，结合犬体本身体型的特点，依照取长补短、掩饰缺陷、突出优点的要求，选择合适的美容方法，以显示出犬的"飒爽英姿"，使您的爱犬更加美观和健康可爱。

9. 怎样给约克夏犬做美容

　　约克夏犬被毛浓密，毛质如丝般光滑柔顺，没有一点弯曲和波浪。但是，拖地的毛发往往给行动带来不便，美容的目的是把毛发的长度控制在刚刚接触地面，头顶的毛发高高挽起，也可左右各编一个辫子，扎上发卡，呈现温文尔雅的姿态。

　　修剪过程：

　　（1）首先，将它长长的被毛从头顶到尾根，沿着背部正中线向身体两侧分开，露出一条背线，修剪下垂的被毛使其刚好接触地面。

　　（2）耳廓距耳尖1/2处的毛发用1号刀头的电推子推短，耳朵内侧和边缘部的毛发用剪子剪平，显现出V字形两耳尖。

　　（3）脚趾边缘毛用薄片剪毛刀剪掉，使足部呈圆形，前腿下部的毛发剪短，以免踩到脚下。

　　（4）整理背线，涂护发素并梳理全身被毛。

10. 怎样给贵宾犬做美容

贵宾犬的美容最复杂，修毛方法也最多。为了参加展览，应按一定的规格修剪，不能随便剪，以免影响美观。但作为家庭宠物，为了使犬凉快和适当的美观，可按"荷兰式"修剪。其方法为：头顶部的毛应剪成圆形，长度适中，可留下胡须，面部、脚踝以下和尾巴根部的被毛都应剪短，臀部、肩部和前肢的毛，剪成长约4厘米，而将腰部和颈部的毛剪短，看上去好像穿上了"牛仔裤"一样。尾尖部应剪成一个大毛球，这样不但好看，而且使人感到清爽与"醒目"，也不至于发生湿疹。

头部较小的犬，为了弥补这一缺点，可把头上的毛留长些，并剪成圆形，而颈部的被毛要自然垂下，耳朵的毛要留长，这样才显得头部稍大而美观。头部大的犬，则应将毛剪短，而颈部的毛不需剪短。

脸长的犬，应将鼻子两侧的胡子修剪成圆形，才能强调重点。眼睛小的犬，应将上眼睑的毛剪掉两行左右，这样才能起到放大眼圈的作用。

颈部短的犬，可通过修剪颈部的毛来改善其形状，而颈中部的毛要剪得深些，这可使人感到颈部长些。体长的犬，把胸前或臀部后方的毛剪短后，用卷毛器把身体的毛卷松一点，会使身体显得短些。

　　胖犬，最好是将全身的毛剪短，四肢剪成棒状，能使身体显得瘦些。

 11. 怎样给爱犬打蝴蝶结

　　给犬扎蝴蝶结是人们常进行的活动，它是犬美容后的一种纯粹性装饰，具有很强的随意性。但是，有一些人过分沉迷于打结装饰，经常是这一朵那一枝，看上去很是累赘，这也就脱离了给犬美容的本意。

　　蝴蝶结的制作方法如下：

　　（1）裁剪一条长约90厘米、宽约4厘米的绸带。

　　（2）再从上述绸带上裁下一段长15厘米的小绸带，并从中一分为二，以备后用。

　　（3）剩余的绸带裁成两半，这些材料足够做两个蝴蝶结。

　　（4）将其中一半绸带缠绕于并拢的中指、食指上，并对折。

　　（5）用剪刀在拐弯处剪出"V"形。

　　（6）把第二步准备的小带系于中间，固定牢。

　　（7）小心分离拉出每一层绸带，并在中心处扭成花褶，即完成。

这时用细丝带将其系在爱犬丛毛上，并剪去多余绸带。

这种蝴蝶结最好的佩戴位置是耳后区，即耳朵和顶髻交界线上，千万不要把它系在顶结正中间，因为这样会使其倒伏并破坏蝴蝶结的造型。如果还想再配一个，可将其放于相反位置，如臀部。事实上，一个蝴蝶结恰到好处。

第四章
宠物犬的调教与训练

第一节 驯犬基础理论

1. 宠物犬为什么能被训练

宠物犬能够接受训练的基本条件是犬具有良好的反射活动能力。反射是指犬受刺激作用后，通过神经系统的活动，使机体发生反应的现象。它是神经系统的基本作用方式，也是驯犬的物质基础。根据反射形成的过程，常将之分为非条件反射和条件反射两种。

（1）非条件反射

即动物生下来就有的反射，是维持生命活动最基本和最重要的反射。如初生幼犬的吃奶、呼吸、排便、挣扎站立、犬吃食后唾液就开始分泌等。非条件反射是相对固定的，同一种动物之间无个体差异。但非条件反射的数目有限，犬仅依靠少数相对固定不变的非条件反射不

能适应经常变化和发展的环境，所以，犬在反应形成中必须要有新的补充，这种新的补充形式就是条件反射。

（2）条件反射

即在后天生活过程中逐渐形成的反射。条件反射通常需要大脑皮层的参加，因此，它是一种较高级的神经调节方式。条件反射只是一种暂时性的神经联系，它在一定条件下形成，当这些条件改变时即随之消失或形成另外一些条件反射。因此，条件反射的形式多样而且复杂，数量也多，能使犬更好适应复杂变化的外界环境。例如，从未挨过棍子打的犬，当第一次看到人拿棍子接近它时，不一定逃跑。但当它挨了棍子的打击，并感到疼痛后，就会逃跑或咬人，这是非条件反射。以后，当犬再看到拿棍子的人接近它时，不等人用棍子打它，它就会逃跑或向人攻击，这就是条件反射。正是由于犬有了以条件反射为基础的本领，所以人们才有可能对犬进行训练。

人们驯犬时，就是以犬的非条件反射作为前提和基础，然后施加不同的有效的刺激（口令或手势等），使犬出现一系列人们所需要的条件反射。比如，犬吃食物后，食物入口能引起唾液分泌，这是非条件反射。如果在食物进口之前或同时，给予铃声刺激，最初铃声与食物之间没有任何联系，铃声单独刺激并不能引起唾液分泌。但如果铃声和食物总是同时出现，经过多次结合之后，只用铃声刺激也可引起唾液分泌，这就是在非条件反射的基础上形成了条件反射。

2. 驯犬为什么要从幼犬开始

犬服从训练的最理想时期是从幼犬出生后 70 天左右开始。另外，日常生活的训练则从幼犬到新主人家里之日开始，一点一滴慢慢进行。这个阶段，幼犬尚未染上任何恶习，而且体小、力量也比较小，这对饲养者来说，对犬的调教就比较省力。

带犬外出散步时，犬有时随地大小便，喜欢无缘无故地吠叫，看见人就喜欢扑上去等等。在幼犬阶段，要纠正这些恶习花费的时间少，大约得花上 6 ~ 8 个月的时间，如要纠正成年犬则得用更长的时间。

犬出生后到达成年，它的大脑逐渐发育完善，也是犬学好学坏的决定时期。因此，幼犬阶段是训练犬最重要的时期。

3. 驯犬的原则有哪些

驯犬时应遵循以下基本原则：

（1）由简入繁，循序渐进：驯犬时不能急于求成，不可急躁冒进，一定要先进行简单易学的项目，然后再做繁杂的训练。先进行单一的条件反射，然后再做系列或成套的条件反射。这样易建立动力定型，具有事半功倍的效果。

（2）因犬制宜，分别对待：驯犬时可发现，虽然每条犬均有嗅、听、看、衔等本能，但差异较大。这与每条犬的神经类型、个性、品种以及适应性等有关。因此驯犬时应根据每条犬的不同特点，有选择地进行课目训练。

（3）条件刺激与非条件刺激并用：能引起条件反射的刺激称为条件刺激，而引起非条件反射的刺激则叫非条件刺激。已知条件反射是在非条件反射的基础上建立起来的，因此，在驯犬时一种条件刺激必须选择与之相适应的非条件刺激同时或先后进行，只有这样才能在较短的时间里建立起足够牢固的条件反射。在此，应强调指出，训练初期非条件刺激应大于条件刺激，这样易于建立条件反射。条件刺激通常应稍先于非条件刺激，例如，发出"随行"的口令后（条件刺激）经1～2分钟再牵拉引带（非条件刺激），这样，犬容易把两种不同的刺激逐渐结合起来，形成条件反射。

（4）奖惩分明，注意养成： 驯犬时，当犬按要求完成项目，则应给以奖赏、鼓励，但不能过分溺爱；当犬不服从训练，或易受外界干扰而不进行工作时，应立即进行训斥，严肃批评，但态度不能粗暴，只有泾渭分明，才能在不断的训练中，潜移默化地使犬养成一种良好的习惯。

4. 驯犬的基本手段有哪些

在训练的整个过程中，为了使犬能迅速地建立条件反射，使犬学会根据主人的口令和手势做出动作，我们应正确掌握和使用训练犬的基本训练手段。其主要包括强迫、诱导、禁止和奖励。

（1）强迫： 强迫是指主人迫使犬准确做出某一动作和听从指挥的一种手段。强迫的条件刺激是采用威胁音调的口令，非条件刺激是采用强有力的机械刺激，包括猛拉牵引带、按压犬体某一部位等，以给犬造成机体的重大压力和肉体疼痛，使犬就范。在训练初期，运用适当的强迫手段，迫使犬做出动作，对口令建立条件反射。当建立条件反射后，由于外界环境的干扰和影响犬不能顺利做出动作时，采用威胁音调的口令并结合强有力的机械刺激，迫使犬做出动作。

（2）诱导：诱导是指主人采取能诱使犬产生某一活动或利用犬自发性的一定动作，借以建立条件反射的一种手段。当主人下达口令、手势等指挥信号，犬未执行，而又使用不上其他非条件刺激时，可采用诱导的手段使犬做出动作。但是，在训练中诱导只能作为辅助训练使用。

（3）禁止：禁止是指主人为制止犬的不良行为而采用的一种手段。条件刺激是用威胁音调发出"不"的口令，非条件刺激是强有力的机械刺激。当犬追逐家禽、牲畜、随地捡食或产生其他不良行为时，及时采用威胁音调发出"不"的口令并给予强烈的机械刺激，加以制止。经常这样的运用，犬就对"不"的口令形成了抑制性条件反射。及时使用可制止犬的不良行为，长期使用可逐渐克服犬的不良行为。

（4）奖励：奖励是为加速培养和巩固犬的能力及对犬做出正确动作的强化手段。条件刺激是用温和的音调发出"好"的口令，非条件刺激是食物、抚拍、游散等。

重点提示

　　在用食物、抚拍奖励犬的同时，伴以"好"的口令，逐渐让犬对"好"的口令形成条件反射，实现条件奖励。当犬对"好"的口令形成条件反射后，也应经常伴以食物、抚拍等非条件奖励给予支持，防止消退。

5. 驯犬时怎样使用口令

口令是以一定语言组成的具有指令性的声音刺激，通过犬的听觉引起相应的动作。口令分为指挥口令和奖励口令，指挥口令是用来指挥犬做出动作，奖励口令是用来强化犬的正确行为。

口令不同的音调可引起犬的不同反应。根据发音的音调可以分为：

（1）普通音调。用中等音量发出，带有严格要求的意义，用它来命令犬做出动作。

（2）威胁音调。用强而严厉的声音发出，用来迫使犬执行动作和制止犬的不良行为。

（3）奖励音调。用温和的音调发出，用来奖励和强化犬的正确动作。

三种不同音调的作用，只有在建立条件反射后才能有效果。只要是在日常饲养管理和训练中，用这三种不同的音调结合不同强度的非条件刺激就能形成。

在使用上一般这样安排：先用普通音调命令犬做出动作，如果犬不执行或延误执行就用威胁音调，强迫犬执行，在犬执行动作后，再用奖励音调发出"好"的口令给予奖励。

使用中应注意的问题：

（1）口令要简短，发音要清晰，不要附加其他语言。

（2）已采用的口令不要轻易更改。

（3）口令要经常得到支持、强化，防止消退。不同的口令音调必须伴以相应的非条件刺激。

6. 驯犬需要哪些技巧

让犬学会服从主人的命令，并进行一些如坐、卧、立等基本服从训练，以及跳圈、衔物的技能训练，不仅能使梳毛、淋浴、修剪指甲、从嘴中取出异物、喂药等日常护理得以轻松地进行，而且能使犬和主人、家人愉快地生活在一起，最大限度地降低各种事故发生的可能。因此，饲养者都应该对自己的犬进行各种训练。

（1）合适的信号

训练宠物犬合适的信号有语音发出的声音，手和手臂等形体语言发出的动作，利用绳子、项圈等用具对犬的肉体施加信号等。较常使用声音，因为声音能达到的范围很大，而且犬的耳朵能鉴别各种听得见的信号，另一种众所周知的方法是使用手和手臂的各种"密码"，但犬必须能清楚地看到这些信号。例如，训练犬"来"的时候，可试着发"密码"时转过身去，这利用的是犬的群居本能。当它看见"首领"离去，而它想与群体一起，就会随主人而来。

（2）训练犬的选择

要挑选聪明的智商高的犬，应选择猎取反应、主动防御反应和食物反应占优势的犬，并与犬建立良好的感情，多与犬进行沟通，经常和它说话，或者轻柔地抚摸它，犬都会感受到这种角色认同，从而和主人建立起深厚的感情。

在体型外貌上要求外观各部发育匀称，肌肉发达，雄壮强健，姿态端正，行动机警灵活。年龄一般以 3 月龄至 1 周岁为合适。

（3）训练时间的选择

训练幼犬的最佳时间是每天中午或下午，这时它往往胃口大开。训练时间每天不应超过 2 个小时，训练时要注意不要喂太多食物，一旦它腹中有食，就不听话了。训练时还要注意休息。

（4）循序渐进的训练

循序渐进，要尽量把步骤拆分细致，逐步学习，每次幼犬成功做好一个动作，都要给予鼓励。对犬的训练不能追求一次成功，有时需几十次甚至上百次，要根据难度而定。一般要先从容易的开始，然后由浅入深。有些组合动作需要分别训练后再合并。

（5）多次强化训练

反复地训练能加深犬的记忆。因此，要日复一日地进行复习，而且每天短时间的训练更具效果。例如，与每天 1 次、每次 20 分钟相比，每天 2 次、每次 5 ~ 10 分钟，更能使犬保持新鲜感。

（6）适量训练

训练时不能过量。训练"坐下"时，经过几次犬就能很好地完成，则应该给它点鼓励，训练时间不宜太长。

（7）耐心训练

初次训练犬的注意力很难集中，这时一定需要有耐心，绝不能操之过急。因为训练本身也是锻炼主人自己的耐心。另外，各种犬的能力不同，因此，要采取与之相适应的速度来训练，绝不能与别的犬相比，对自家的犬要充满信心。

（8）鼓励训练

每次完美地完成任务后，立即给犬奖励是最好的办法，比如喂点肉等。

（9）纠正训练

制止犬"做坏事""做错事"时要把握准时机，在它准备做的那一瞬间，应大声、用果断有力地命令制止它，如果事后再来训斥它，犬不会明白其中原因而且依然会继续做那些错的事。更严重的是，在不明原因的情况下经常遭到训斥，犬就会渐渐地对主人产生不信赖感，变得不再听主人的话。

（10）适当体罚训练

体罚只能在犬要咬人的这种情况下使用。

7. 驯犬需要注意的事项

家庭饲养的犬基本上都是以陪伴为目的，但每位主人都希望自己的犬能像专业的工作犬一样，服从命令听指挥，按指令完成动作。所以，对宠物犬进行一定的训练是必要的。要驯好犬，必须坚持如下几点原则：

（1）要有耐心，要坚持，不能半途而废

训练中必须坚持不懈、反复多次地进行，每个命令和动作要反复进行，直到犬学会、做对为止，切勿中途放弃或迁就，在完全记住一件事之前，不教其他动作，等学会一个再进入下一个。

（2）由一人训练

如果由多人训练，犬会有不同的反应，而且可能不听原主人的口令，使训练失去意义。另外，同一人的语调和内容要一致。如果家人个个都参与训练犬，由于命令和方法不统一，容易造成犬的反应混乱，当然可以和家人一起来制定一个统一规则，在训练犬"可做"或"不可做"的事情标准上，达成统一，如犬是否可以坐在沙发上，根据各个家庭不同的环境和状况，要形成一个统一的答案。训导犬吃饭、散步、上厕所等日常训练时，应全家人协力完成，态度要相同。对犬的服从训练最好由家中与犬最为亲密的人来完成，如经常给犬刷毛、喂食、洗浴的人。

（3）语气柔和、语言简短

在开始训练时，特别是开始新的内容时，要使用温柔点的语气，同时辅以适当的动作指引，口令要清晰简短明了、干脆利落，一般不要超过3个字，让犬容易理解、记忆和接受。因为犬只能记住发音顺序，不会理解人的语言。在训练中，口令就是让

犬听从的信号。所以，全家人要统一口令，这样才能达到很好的效果，如叫犬坐下的时候，是使用"坐下""趴下""蹲下"还是"卧下"，全家要统一使用共同的一句口令。发口令时，要避免大声或带有发怒的口吻，因为犬是非常敏感的，上述做法会使犬渐渐地把挨骂和训练

联系在一起。

（4）奖罚分明

犬是感情丰富的，它对任何奖励与惩罚都是很敏感的，奖罚形式应多种多样。如果用同一类型语言，并且经常变化，可以使它情绪热烈并增加机敏度。比如，拍拍它的头说"干得好"，并给一点美味食物；如它犯了错误，应训斥它，给予轻微的惩罚，并疏远它。

另外，训练犬时要注意千万不要戏弄犬，应取得犬的信任，使它保持安静，这样在抱起它或把它带走时才不会引起恐慌或敌意。

重点提示

在犬做了"不可做"的事的时候，如果连犬的名字一起骂，如"贝贝，你这个坏东西。"这样，就给犬造成一种条件反射，被叫到名字的时候，准是被训斥。于是形成条件反射，以后再喊犬的名字时，它会不理不睬，甚至会逃之夭夭。

第二节　宠物犬基本训练

1. 怎样训练宠物犬进食

　　宠物犬进食应固定地点、时间、食盆，未到吃食时间应让犬等待，不能让犬在食盆中捡食吃，还要规定用食的时间，也不能让犬边吃边玩，吃吃停停，同时还应使犬养成不乱吃食的好习惯。犬每次进食用30分钟就足够了，主人可用铃或口令作信号，指挥其定时进食。如犬在规定时间内没有吃完饲料，主人就要把饲料连同食盆一起收藏起来。让犬等待进食的训练方法是，当犬在食盆旁坐下后，犬一般都急于吃食，此时，主人可用手掌挡在犬的脸部面前，并发出"等一等"的命令，稍停片刻，再发出"好了""吃吧"的命令，让犬自由吃食。刚开始训练时，不能让犬等的时间太长，应慢慢延长。如果主人还未发出可以吃饭的命令，犬就迅速地吃食，主人应给予斥责或拉紧项圈轻打它的头面部，以示惩罚。经反复训练"等一等"后，直至犬每逢喂食都能做到先坐下等待为止。

对于犬的进食，有必要防止其乱捡食、乱吃食或偷吃不该吃的东西。其训练方法是，在散步的路上或家中随意摆放一些犬所喜吃的食物，然后再牵着犬经过，当主人发现犬即将吃食时，立即用力拉绳索，再高声发出"不行"的命令。如这时犬已将食物咬住不放，主人也要用手强迫取下，并大声斥责和叩打其头、嘴等处。经反复训练，直至犬对路旁的食物能做到闻而不吃，才可不用绳索进行训练，此时方算训练成功。或让一个陌生人手拿食物引诱犬，当它企图吃食时，主人马上拉紧绳索，并大声斥责，须经反复训练，直至犬在自由状态下也不接受外人的喂食为止。

2. 怎样训练让宠物犬听话

犬不懂人说的话，不明白每个字的意思，但是对人的语气和手势则很敏感。因此，在训练犬听话时，必须用坚定的语气和配合手的动作，给犬下达指令。如家中养的犬，听到门外有人活动时就狂吠，这不仅是一种不礼貌的行为，而且也影响家人休息。此时应立即用手握紧犬的嘴，同时用十分肯定的语气，摇头说"不行"，经过数次训练之后，它就会明白这样狂吠是不对的。有的人溺爱犬，对这种情况不采取坚定的语气加以纠正，反而以手轻

重点提示

为了训练犬听话，应站在犬的前面，发出"别动"的口令，同时向前推出右手做拒绝姿势。如果犬欲走动，则向前将其按住，再发出"别动"的口令，并用手指向犬窝的方向，发出"回去"的口令，然后将犬拉到犬窝里，令其别动。这样反复多次训练即成。

抚犬头，柔声说"不要这样顽皮"，这样使犬容易误解为主人在"鼓励"它。无论是表扬或禁止，必须当场进行，否则时过境迁，就达不到预期的效果了。

每当有客人来访，犬也会变得兴奋，常会围绕客人的脚前脚后不断嗅闻，往往使客人感到很紧张。如果此时能将犬喝住并让其离开，则显得犬很有"教养"，主人训练有方。

 ## 3. 怎样进行犬名呼唤训练

　　首先应给犬起一个简单、动听的名字，随后就要进行呼名训练，并将呼名作为对犬的一种奖励。呼名时，应努力使用亲切而友好的声调。呼名训练的时间应选择在犬心情舒畅、精神集中的时候。呼名训练必须反复进行，直到幼犬对名字有明显反应为止。犬对名字的反应行为是：当犬听到主人呼名时，犬能机灵地回头朝向主人观看，并高兴地摇摆尾巴，等待主人的命令，或欢快地来到主人的身边。

　　对呼名的敏捷反应往往不取决于犬，而取决于主人的培养。为了使犬学会一听到呼名就作出正确反应，主人应将犬的名字和一些积极的、令犬愉快的事情联系起来，如在呼名之后，相继而来的就是各式

奖赏。如果主人使用名字把犬呼叫到身边后斥责，甚至打它，这就破坏了呼名训练。

对被打过的幼犬，要消除所犯的过失，就得在训练时暂不要叫它的名字。一旦幼犬把它的名字和愉快的事情联系起来，不论它在何处，在干什么，只要听到呼名，就会愉快地奔向主人身边。

为了做到这一点，主人应利用一切机会进行训练。比如，在犬饥饿、主人准备喂食时，呼叫它的名字；在它恰好向主人奔来时，呼叫它的名字，接下来就用温和的语气和爱抚迎接它，使犬感到呼叫它来到身边会使它得到好处。主人应再三告诫自己：不接受呼名的犬是没有用的，犬对呼名的良好反应，不在于犬而取决于主人本身。大声呼喊和粗暴斥责犬对呼名是有害无益的，这会大大损害呼名的基础，给日后训练带来更多的困难。

在呼名训练中，若主人不犯任何过失，不久就会惊喜地看到，主人一声呼叫，无论犬在何地干什么，都会摇着尾巴愉快地跑到主人身边来。北京狮子犬有时会装聋，明明它已听到呼名，但却有意不作出任何反应。所以在一开始进行呼名训练时，就应注意这一点，一旦发现便及时纠正。

训练到一定日龄时，可通过呼名和吹口哨来交替进行训练。口哨为尖声，但不能刺耳，口哨吹得短而清晰，直到犬听到呼名或口哨声迅速来到自己的身边为止。

4. 怎样进行走的训练

对犬进行"走"的训练目的，是要养成犬根据主人的指挥，在散步或者外出等无论任何时候都不能随心所欲地朝其他方向走，而是紧靠在主人的左侧并排地前进，并保持在行进中既不超前也不落后的步调一致的正确姿态。当然，犬绳要保持松弛的状态。

训练犬"走"时，让犬坐在主人的左侧。如果还不能按口令坐下的话，应该重复训练一遍"坐下"的训练。当犬坐下后，应马上迈出左脚并发出向前"走"的口令，同时边牵动犬绳让犬也向前走，边喊犬的名字。如果犬能和主人并排前行，要对它进行夸奖。

"走"的正确位置是犬不能超出也不能慢于主人。通常是犬的头和肩部刚好处在主人的左脚边。从正面看，犬和主人是并排走的。应当引起注意的是行进中，不要拽紧绳子，而是应保持绳子为松弛状态。当犬离开了正确位置，应立刻牵紧绳子制止它，犬到正确位置后，这时无需任何口令。

训练的要点是，随时掌握犬偏离正确位置的举动，当出现这些预兆时，应立即发出口令，把它引到正确的位置上来。即便是强迫它实行，一旦犬回到正确位置后，也应该夸奖它一番。

当训练的犬，能够成功地完成这种"坐下"与"走"的训练后，就可以自由地带它到任何地方，无需用绳子牵着也能控制犬的行动。

 5. 怎样进行趴下训练

"趴下"对犬来说是表明对主人的完全服从。"趴下"的动作，应当在学会"坐下"的动作之后进行。

训练犬"趴下"可采用两种方法：一种是先让犬坐在左侧，主人在犬的右侧也一起蹲着。然后把左手轻轻地放在犬的背上，手掌卡在犬的脖子从上向下压，同时右手穿过犬的腹部和地面之间的空间，向前推犬的前肢。这时发出命令"趴下"。压在犬背上的左手用的力量以不让犬站起来为好。同时右手迅速地抽出。如果这时犬还是要站起来的话，一定要责备它。

另一种方法是，命令犬坐下，主人坐在犬的前面，手里拿着犬喜欢的东西或食物从膝盖底下穿过，放在犬的面前，然后从犬的眼前向竖起的膝盖下移动，犬就会自然追随着东西（食物）而移动，然后"趴下"，如果犬完成了趴下的动作，应立即对犬进行夸奖或是给予食物奖励。

在训练犬时，如果它暂时不能做到，不能操之过急。

让犬坐在左侧，然后主人也蹲下来，手握紧绳子接近项圈的部位，左手放在犬的背上，手掌卡在犬的脖子上，用肘向下压。同时右手从犬前右肢后面穿过向前方推犬的双前肢，并发出"趴下"的命令。或者利用犬喜欢的东西或食物训练犬，独自完成"趴下"的动作。让犬坐下并等着，然后主人坐在犬的眼前，弓起一只脚。在发出"趴下"的命令的同时，手里握着食物从犬眼前穿过膝盖底下，向下移动。

6. 怎样进行"来"的训练

训练犬在脱离绳子的状态下远离主人时，只要主人叫一声"来"，犬无论在做什么都会在听到主人的口令后马上跑到主人的面前并在左侧坐下。这项训练是非常重要的训练内容。如果犬还未达到这样的水平，千万不能让犬脱离开绳子外出，否则是很危险的事情，甚至有可能发生直接关系到主人责任的问题。

训练的方法是，让犬"坐下"，然后后退 2 米，在犬处于静止状态时，先呼叫它的名字，引起它的注意，并发出"来"的口令，同时左手拉犬绳引导犬过来的方向。当犬在绳子的牵引下来到面前时，要对它进行夸奖，并命令犬"坐下"。当犬坐下后要给予奖励。这样逐渐地延长时间，使犬形成记忆。开始训练要在安静的地方，不要一下子带到嘈杂的地方训练，然后逐渐地向嘈杂的地方转移，这也是逐渐训练犬集中注意力的方法。

但也有的犬对口令或是手势无动于衷，全不理睬，此时，主人一定要有耐心，设法采取一些能令犬兴奋的动作，如后退或蹲下或向相反方向跑等，促使犬按"来"的口令，并拉动牵犬绳使犬过来，当犬过来后要给予夸奖。切不能用突然的动作去抓犬或追捉，否则会使犬受到不良刺激。有的犬受到刺激后，不但不过来，反而到处乱跑。此时应抓住牵犬绳，并用威胁的口令和手势令犬前来，当犬来到身边时，及时给予夸奖，若犬来到身边后，马上责备它，反而会增加训练的难度。

7. 怎样进行坐的训练

犬有自然"坐下"的习惯。最初是完全不理解主人发出"坐下"的口令的。要让犬在听到"坐下"的口令后，能够迅速而正确地做出坐下的动作，而且能坚持一定的时间，就要对它进行训练。

在训练犬坐下时，主人要蹲在犬的右侧，右手紧贴着犬的胸部，左手在犬的后背轻轻往下按，也就是从犬的尾部给犬施加些压力使犬坐下，同时右手向后推犬的胸部，并发出"坐下"的口令。主人用双手这样做的目的是在教给犬坐下姿势的辅助动作。同时发出的"坐下"的口令，是让犬知道这种动作和"坐下"是怎么一回事。如果犬能够完成这一动作时，主人就要对它进行奖励。在做第二遍时，当犬的屁股快要接触地面时，才对它奖励。等犬完全坐在地面上后，主人应该再对它进行奖励。

这样经过几天的反复训练，就能养成坐下的习惯，再也不必用辅助的手段。在此训练的基础上，可以结合手势来进行训练。在发出"坐下"口令的同时应把左手伸向犬的后背，犬就会"坐下"来。逐步训练到只听口令也能完成坐下的动作。对有的犬采用这种办法无效时，主人这时可以采取将右手放在犬脖子的下方，左手用力使犬往下坐下的同时，右手比较轻柔地向后推犬的脖子，并及时发出"坐下"的口令。或者采用右手牵住犬的项圈在发出"坐下"口令的同时，向后拉项圈，左手要按住犬的尾巴，使它不能左右摇摆，然后用力往下按犬的屁股让它坐下。

如犬已能按要求做好动作，应逐步训练延长它坐的时间。主人蹲在犬的右侧。右手搁在犬的前胸，左手在犬后背向下按，使它坐下。同时，右手向后推，并发出"坐下"的口令。

8. 怎样进行上下楼梯的训练

口令："上""下"；手势：右手指向楼梯上下的方向。

把犬带到楼梯前，发出"上"和"好"的口令，当犬走上平台，给予抚拍和食物奖励，稍停片刻，发出"下"和"好"的口令，同时带犬慢慢下来。也可用食物或物品引诱的方法来训练，把食物或物品当着犬的面放在平台上或摆在楼梯的各层，然后发出"上"的口令。还可用训练绳强牵引来训练，令犬在楼梯前坐下后，持训练绳的一端先登上楼梯，然后发出"上"的口令，如犬不动，牵拉牵引绳。当犬上来后，给予食物和抚拍奖励。

无论采取哪一种训练方法，当犬能上下楼梯后，可根据口令和手势训练其自己上下。其方法是：令犬在离楼梯1米处面向楼梯坐下，发出"上"的口令和做出手势，如犬在楼梯上表现徘徊时，应提高音调重复口令，稍停片刻，再发出"下"的口令，如犬不能根据口令走下楼梯，应发出"来"的口令，并装出要跑的样子，诱其下来。当犬根据口令上去和下来时，都要及时给予奖励。

9. 怎样进行乘车训练

无论是何种用途的犬，均需适应车辆运输，否则它的适应能力就会下降，同时也给主人增加不少的麻烦和苦恼。为了适应车辆的运输，应在幼犬阶段开始培训。

进行乘车锻炼，主人可以用犬箱把幼犬装在自己的自行车或摩托车后座上，或放在汽车里，在犬箱底部最好垫一块带有犬气味的布料，确保幼犬没有被强迫的感觉。

幼犬常常出现晕车现象（如流口水、呕吐等），这是容易治愈的。最初，主人可把幼犬领到汽车旁游玩，然后亲热地把犬抱到车上，上车后在车上活动一会儿，抚拍并给犬一小块食物，最后再把犬带下来。随后几天，连续重复这种做法，当犬很高兴地进入汽车里时，就可以发动汽车，使之适应。待犬习惯后，就让别人开车，主人自己把幼犬抱到膝上抚摸它，缓慢开车2～3分钟后就把犬带下来。

重点提示

在宠物犬坐车之前，可以把晕车药放在它喜爱的零食里让它吃下去。另外，在坐车之前，不要给宠物犬吃过多食物，不然有可能引起呕吐。如果宠物犬不喜欢吃药，可以将一些有花香味的东西给它闻一闻，或是可以使用能让宠物犬安静的喷雾，这些也是有作用的。

第三节 宠物犬专业训练

1. 后腿站立训练

站立是使爱犬两后脚着地，身体直立起来，保持较长时间的原地站立不动，对于梳理、清洁和为其检查身体都有着重要的意义。

训练方法：

（1）诱导。先命令爱犬坐在自己的面前，然后把它最喜欢的食物或玩具举在它鼻子上方位置，发出"立"的口令，爱犬想得到食物或玩具就站立起来，确定它站直后，把奖品给它。注意，不要让它往自己身上跳。

（2）诱导和机械刺激结合训练。手举起食物，另一只手轻微向上拉动牵引带完成爱犬站立的动作，等它站稳了，给予食物奖励；然后命令"等待"，让它把站立的姿势保持一会，每延长一点时间，都应该给予奖励。

重点提示

训练爱犬的最佳时间是每天中午或下午，这时它往往胃口大开。训练前要饿着爱犬，因为只有食物才是它最无法忍受的诱惑，受训的犬一定要戴上颈圈。训练时一手用食物诱惑犬，一手拎着颈圈，使犬用后腿站立。一旦犬做对一个动作，马上给它点吃的以资鼓励。

（3）进一步的训练。是巩固站立的能力，命令它"立"，手拿牵引带后退 2 ~ 3 步远，如果爱犬原地不动，就走过去奖励它。

（4）去掉牵引带。与爱犬相距一定距离，命令"立"，它如果能准确地保持站姿15秒以上，站立的训练就算成功。

2. 作揖训练

爱犬学会站立后，就可进一步学习作揖的动作。那些小巧玲珑的北京犬、博美犬等小型玩赏犬，最适合学习这个动作。

（1）首先，站在它的正前方，命令"立"，它起立后就给予奖励。

（2）用手抓住它的两前爪，合并起来上下抖动几次，同时发出"谢谢"的口令。动作完成后，给予食物奖励。

（3）经过几次重复练习后，与爱犬拉开一点距离，发出"谢谢"的口令，如果它能独立完成这个动作，就走过去奖励。

3. 握手训练

某些品种如北京狮子犬、德国牧羊犬等，甚至不必训练，当伸出手时，它会把爪子递过来。对其他犬，只要略加训练就能做到这一点。

训练时，主人先让犬面向自己坐着，然后伸出一只手，并发出"握手"的口令，如犬抬起一只前肢，主人就握住并稍稍抖动，同时发出"你好""你好"的口令。如此几次练习后，犬就会越来越熟练。

如主人发出"握手"的口令后，犬不能主动抬起前肢，主人要用手推推它的肩，使其重心移向左前肢，同时伸手抓住右前肢，上抬并抖动，发出"你好""你好"的口令予以鼓励，并保持犬的坐姿。

握手也是主人与犬进行感情交流的方式，犬对这个动作是容易顺从的，因而在犬高兴时，会主动递上前肢与主人握手。

4. 衔取训练

衔取是多种使用科目训练的基础，也是玩赏犬经常训练的一个动作，其目的是训练犬将物品衔给主人。衔取训练是比较复杂的一种动作，包括"衔""吐""来""鉴别"等内容，因此，训练时必须分步进行，逐渐形成，不能操之过急。

首先应训练犬养成"衔""吐"口令的条件反射。训练的方法应根据犬的神经类型及特殊情况分别对待，一般多用诱导和强迫的方法。

在用诱导法训练时，应选择清静的环境和易引起犬兴奋的物品。

右手持该物品，迅速地在犬面前摇晃，引起犬的兴奋，随之抛出 1～2 米远，立即发出"衔"的口令，在犬到达要衔的物品前欲衔取时，再重复发出"衔"的口令，如犬衔住物品，应给予"好"的口令和抚摸奖励，让犬口衔片刻（30 秒钟左右），即发出"吐"的口令，主人接下物品后，应给予食物奖励。反复多次后即可形成条件反射。

有的犬须用强迫法训练。此时，令犬坐于主人左侧，发出"衔"的口令，右手持物，左手扒开犬嘴，将物品放入犬的口中，再用右手托住犬的下颌。训练初期，在犬衔住几秒钟后即可发出"吐"的口令，将物品取出，并给予奖励。

反复训练多次后，即可按口令进行"衔""吐"训练。在此基础上，再进行衔取抛出物和送出物品的能力，以至训练犬具有鉴别式和隐蔽式衔取的能力。在训练衔取抛出物时，应结合手势（右手指向所要衔取的物品）进行，当犬衔住物品后，可发出"来"的口令，吐出物品后要给予奖励。如犬衔而不来，则应利用牵引绳掌握，令犬前来。

5. 跳远训练

跳远即培养犬跳跃有一定长度的障碍物。

初期训练，跳跃的距离不应过长，即栅栏架（高度约 20 厘米）的件数少些或组合密些，其长度依犬的大小与体力而定。对于中、大型犬，其栅栏架组合长度约 1 米为宜，对小型犬只需 0.5 米就足够了。主人令犬坐于障碍物前 2 ～ 3 米处，对犬发出"跳"的口令后，牵犬一同跑向栅栏架，鼓励犬跳跃。开始主人和犬一起跳过，以后主人可从栅栏架侧面绕过。犬跳过后，令犬立于原地，并给予奖励。主人一定要保证牵引带不妨碍犬的动作。如犬跳跃很顺利，主人应给予充分奖励，若犬跳跃有困难，可再试一次，但这次应增加助跑距离，若再次失败，则要缩短栅栏架的长度，重新训练。

随着训练的继续，应逐渐增加栅栏架的数量，对犬能跳跃的实际距离应凭主人的直觉而定。

当犬能熟练地跳跃栅栏架时，主人就要去除牵引带进行训练。开始与犬一起跑向栅栏架群，让犬跳过去，而主人停在起跳位置，然后走过去牵犬随行离开。如此训练数次后，就要远距离指挥犬跳跃，直到犬能根据口令、手势敏捷地越过为止。

当犬能顺利地根据口令、手势跳跃栅栏架群时，就可以逐渐过渡到让犬跳跃壕沟等自然障碍，但最初的宽度应是犬很轻松就能越过的，随着能力的提高，宽度可逐渐增加。

6. 舞蹈训练

训练犬舞蹈是一项优美的游戏。这种游戏源于犬的本能动作，尤其是伴侣犬，如北京狮子犬很易学会。主人首先令犬站起，然后用双手握住犬的前肢，并发出"舞蹈"的口令，同时，用双手牵住犬前肢来回走动。开始，犬可能由于重心掌握不住，走得不稳，此时主人应多给予鼓励，并表现出由衷的高兴。

当犬来回左右走了几次之后，放下前肢，给犬以充分的表扬和奖励。经过多次辅助训练，犬的能力有了一定提高后，主人就应逐渐放开手，鼓励犬独自完成，并不停地重复口令"舞蹈"。开始进行的时间不要太长，在意识到犬快支持不住时要停止舞蹈，并给予奖励食物，随着犬舞蹈能力和体质的提高，可逐渐延长舞蹈时间，最终可达到5分钟。

训练后期，在令犬舞蹈的同时，可播放特殊的舞曲。如此经常练习，使犬听到舞曲就会炫耀地做出优美的舞蹈行为。

7. 跳高训练

跳高是教犬跳跃一定高度障碍物的常见科目，或从一定高度的圈里穿过。训练首先使用小板墙进行，先让犬站在小板墙的一边，然后指挥犬跳过，犬跳过后仍保持站立的姿势，主人再走到犬身边，将犬牵走。

训练时，主人带犬面向小板墙坐，并给犬系上牵引带。板墙的高度依据犬的个体而定，最初以30～40厘米高为宜。主人牵犬一起跑向小板墙前，发出"跳"的口令，首先自己跳过去，同时将牵引带向板墙上方提，促使犬跳过去。当犬跳过去后要很好地奖励，片刻后再重复训练3～4次。当犬毫无困难地跳过较低的板墙时，就可逐渐增加板墙的高度，最终的高度依犬的大小、体力以及主人的直觉而定。在犬跳过板墙后要令犬在原地立好，然后牵走。

当犬能较容易地跳过小板墙时，就应去除牵引带，使犬根据口令和手势自行跳跃，当犬跳过去后，主人要令犬立在原地，然后前去系上牵引带，牵犬随行离开并奖励犬。如此经常训练，直到犬能根据口令、手势敏捷地跳过为止。

重点提示

主人所站的位置要适当，随着犬能力的提高，距离逐渐延长，当犬根据口令跳过后，应及时发出"立"的口令，让犬原地而立，然后主人前去发出"靠"的口令，随行离开，结束训练。当犬能熟练自如地根据指挥跳跃小板墙后，即可训练犬跳跃栅栏、跳高架、圆圈架等，方法相似。

8. 钻火圈训练

"钻火圈"训练是指犬听从指挥，毫无畏惧地跳过火圈，是在犬跳越障碍的基础上进行的训练，消除犬对火的恐惧心理，既可作为犬的特殊表演项目，又可为从火中抢救人员而服务。

火圈由金属管制成，直径1米，高度依据犬的品种、大小和跳跃能力来定，要留有余地。一般对中等大和较大的犬来说，圈的高度大约为100厘米，小犬跳圈的高度大约为50厘米。钻火圈训练可分两步进行。

第一步是训练犬钻没有点火的圈，使犬养成钻圈的习惯。训练人员先把犬带到火圈正前方10米处，让犬站在训练人员左腿旁，然后发出"前进"的口令和手势，放松牵引带，令犬前进，当犬接近火圈时，发出"跳"的口令和手势。放长牵引带，并随犬一道跳过火圈。当犬跑过火圈时，立即给犬食物或抚摸奖励。

若犬来到火圈跟前拒跳时，可用下述两种方法进行训练：一是训练人员在火圈旁向犬下达"跳"的口令和手势后，放长牵引带，自己先跳过火圈，再扯拉牵引带，迫使犬跳过去，随之给予奖励；二是将犬跳跃时用的栅栏放在火圈的前面，令犬跳过栅栏，同时钻过火圈，训练几次后，去掉栅栏，让犬钻过火圈。如此反复训练，直到犬根据"跳"的口令和手势，可顺利地钻过火圈后，方可进入第二步训练。

第二步是训练犬钻点着的火圈，培养犬勇猛无畏顺利通过火圈的习惯。训练原则是先火苗后火圈。即，先用细长的铜线在火圈的一边各绑一小块布条，并在布条上洒上少量汽油，点燃。此时火焰很小，呈火苗状。训练人员向犬发出"跳"的口令和手势，令犬跳过去，当犬顺利通过后，应及时给犬食物和抚摸奖励。如果犬对火苗有恐惧表现而拒跳时，要用强迫的手段令其跳过，并给予奖励。

当犬对火苗已经习惯，无畏惧地顺利通过火圈时，则应逐渐增加布条的长度，使火焰增大，同时扩展火圈着火的长度，直至除火圈底部外，其他部分全缠上布条，浇上汽油，点火燃烧。如果全火圈点燃后，犬很自信，毫无畏惧地跳过火圈时，就表明犬已经养成了钻火圈的习惯。

 9. 识字训练

让犬认字牌，既是一种游戏，也是一种表演项目。许多人很惊奇，犬又不是人，怎么会认字呢？其实这就是我们需要通过训练而达到的目的。

要注意的是，这项训练必须是在犬学会衔取训练以后才能进行，训练方法是：先让助手拿一叠字牌，这些字牌反面是一样的，然后由主人抽出一张，主人会把这张字牌放在手里仔细把玩，目的是在字牌上留主人的气味，然后把字牌放在犬的鼻子前，对犬发出"嗅"的口令，再让助手把所有的字牌包括刚才主人取的字牌，放一起重新洗牌，然后主人对犬发出"衔"的口令并用手指向字牌。这时犬如果能顺利地根据主人的气味将字牌找出来，就

给予食物奖励；如果还找不出来，就要再次训练，这次主人就要将自己的气味和相关信息更多地留在字牌上，再让犬去衔；这样训练，犬就能根据主人的气味顺利地找出刚才主人摸过的字牌了。这里有一点特别要注意的是，在训练时，主人只能摸其中的一张牌，其余的牌都不要动，交给助手来完成，这样犬就不会对信息误判。

在表演时的方法和训练时的方法是一样的，先让助手拿一叠没有字的空白字牌放在表演场内，这时主人随机从里面抽出一张，交给观众检验，待观众确认一切正常后，应观众的要求，主人会在纸上写字，比如写上"大""小""多""少"等，写好后，主人还故意拿着牌在和观众逗乐说笑，目的是想把自己的气味等信息更多地留在字牌上，然后主人会把字牌交给助手，让助手重新洗牌并将所有的字牌倒放，从外

面看，表面上是一模一样的。这时主人会走到犬的面前，故意抚摸犬，将手伸向犬的鼻子前，实际上是向它发出气味信息，然后主人会向犬发出"衔"的口令并用手指向字牌，经过训练的犬当然就能根据气味很轻松地从字牌堆里将主人写字的牌子取出，这时观众就认为犬会认字。

10. 做算术题训练

无论是加、减、乘、除，还是其他的四则运算，要记得所有的答案都要控制在8以内，最好结果控制在5以内，这样就方便犬的记忆了。

犬做算术题的训练方法有两种，一种是和犬认字牌的训练方式一样，先写出一个算术题，然后由主人在字牌上写出正确答案，把答案混在其他字牌里，然后犬会根据主人的气味将字牌衔取出来，这时主人就给予食物奖励。

还有一种训练方法就是训练犬根据主人的手指头动作而吠叫，从而得出结论，由于吠叫声太多，观众和犬都有可能弄混淆，因此要求答案最好在5以内。训练时，先由主人发出"坐下"的口令，让犬坐在一边看着主人，然后主人对着犬，手指动一下，向犬发出"叫"的指令。经过训练后，做到当主人手指头轻轻地动一下，犬就吠叫一声，这说明训练基本成功，主人要及时给予食物鼓励。在表演时，就不需要助手了，先由主人拿出一块黑板，让观众出一道题，由于这类题目是相当简单的，主人在心里早已算好了答案。这时主人对观众说：听犬叫，叫几声答案就是几。同时主人对犬做一个暗示，手指头轻轻地动一下，犬就会叫一声，一直叫到主人手指头不动时为止，这就是答案了。在这个训练表演时，主人要注意手指头动的幅度不能太大，否则会让观众看出来，这样就穿帮了。

第五章

宠物犬的繁殖与哺乳

第一节 宠物犬的繁殖

1. 公犬的生殖器官有哪些

公犬的生殖器官主要包括：睾丸、输精管道、副性腺和阴茎等。

（1）睾丸： 犬的睾丸较小，呈椭圆形，是产生精子和雄性激素的器官。在繁殖期睾丸膨大，富有弹性，能生产出大量的精子。在乏情期睾丸的体积变小、变硬，不具备繁殖能力。雄性激素起着促进生殖器官发育、成熟和维持正常生殖活动的作用。缺乏雄性激素将会导致生殖器官发育不良或减弱生殖活动的欲望和能力。

（2）输精管道： 是由附睾、输精管和尿生殖道组成。附睾是贮存精子的场所，可使精子达到生理成熟，并提高其与卵子受精的活动能力。输精管是输送精子的管道。尿生殖道是尿液排出和射精的共用通道。

（3）副性腺： 是犬的前列腺，它没有精囊和尿道球腺。前列腺分泌物有营养并可起到增强精子活力的作用。

（4）阴茎： 是犬的交配器官，其阴茎的构造较特殊，它有一块长约8～10厘米的阴茎骨，在交配时，阴茎无须勃起，即可插入；在阴茎的根部还有两个很发达的海绵体，在交配过程中，海绵体充血膨胀，卡在母犬的耻骨联合处，使阴茎不能拔出而呈栓塞状。

2. 母犬的生殖器官有哪些

母犬的生殖器官主要包括：卵巢、输卵管、子宫、阴道和阴门等。

（1）**卵巢**：它位于第三或第四腰椎的腹侧，肾脏的后方，呈长椭圆形，稍扁平，是产生卵子和雌性激素的器官。母犬性成熟后，每到发情期就有一批卵子成熟并排出，如遇精子，即可受精、怀孕。雌性激素的作用可促进雌性生殖器官发育，并可维持生殖机能。

（2）**输卵管**：这是输送卵子和受精的管道，长约5～8厘米。卵子由卵巢排出后，即进入输卵管里，在此即可与精子相遇，并完成受精过程，再输送到子宫内发育。

（3）**子宫**：是胎儿发育的场所。犬的子宫属双角子宫，子宫角细长，内径均匀，没有弯曲，两侧子宫角呈"V"字形。子宫体短小，只有子宫角的1/4～1/6。胎儿就在子宫角内发育，由于子宫角较发达，所以，母犬一窝可产十几只幼犬。

（4）**阴道**：是交配器官和胎儿产出的通道。犬的阴道比较长，环形肌也较发达。

（5）**阴门**：包括阴唇和阴蒂。在发情期时，常会呈现规律性的变化，是识别其发情与否的重要标志。

3. 宠物犬多大性成熟

　　幼犬生长发育到一定时期，公犬就会产生具有受精能力的精子，母犬也会排出成熟的卵子，其他副生殖器也发育完全，这就叫性成熟。性成熟的时间受犬的品种、地区、气候、环境及饲养状态等诸多因素的影响存在着较大的差异，即使是同一品种的不同个体的犬也会存在差异。一般小型犬品种的性成熟要早些，大型犬品种的性成熟则要晚一些。

　　通常情况下，犬出生 8～12 月龄后就性成熟，有的犬 6 个月即可达到性成熟。有人经过观察研究，认为犬的性成熟期平均为 11 个月，纯种犬为 7～16 个月，平均为 11 个月，杂种犬为 6～17 个月，平均为 9.5 个月。性成熟后，母犬在发情期即可与公犬进行交配，并可怀孕产仔。

重点提示

　　犬达到体成熟一般需要15个月左右，因此，犬的最佳初配年龄母犬为 15～18 个月，公犬为 18～20 个月。某些名贵的纯种犬初配年龄还可再晚一些。当公、母犬正式进入繁殖阶段可进行繁殖时，除考虑犬的品种和年龄外，还应考虑它们的营养和健康等综合状况。

4. 母犬发情有哪些表现

　　母犬发育到一定年龄所表现的一种性活动现象称为发情。犬不属于季节性繁殖动物，而是间隔一定时间（平均 8 个月）后再发情。不同品种、不同地理位置和环境，犬的发情时间也有所不同。正常犬每年发情两次，大多数母犬在春季 3 ~ 5 月份发情一次，至秋季的 9 ~ 11 月份可再次发情。如果在一个繁殖季节里未能受孕，须待下一次发情后才能交配。因此必须掌握好母犬发情的特征，进行及时、正确的配种，不然会延误仔犬的繁殖。

母犬发情时，其体内和体表都会发生一些变化，根据这些特征性的变化，判定其是否发情及确定配种的时机。

这些变化主要表现为：行为改变，兴奋性增强，活动增加，烦躁不安，吠声粗大，眼睛发亮；阴门肿胀，潮红，流出伴有血液的红色黏液；食欲减少，频频排尿，举尾拱背，喜欢接近公犬，常爬跨其他犬等。每次发情大约持续 6 ~ 14 天，少数可达 21 天。犬是单发情动物，在一个繁殖季节里只发情一次，而不会反复发情。因此，如在此发情期内未进行交配或虽交配而未受孕者，卵巢处于静止状态，必须待到下一个繁殖季节重新交配。

5. 如何选择配种时间

母犬是在发情盛期排卵，所以进入发情盛期立即配种一般都能获得较高的受胎率。母犬发情前期平均持续 7 天，发情盛期 5 天左右，但是个体间差异极大。一般老龄母犬时间短些，青年母犬拖延时间要长些，因此，必须仔细观察开始发情母犬的阴部和行为变化。

除上述发情盛期母犬的行为表现和阴部变化外，还会看到其阴道口开张，阴道壁富有光泽，用手触摸外阴部有柔软的感觉，此时即可让它与预先选择好的公犬交配。为了提高受胎率，可根据母犬发情表现在交配后的次日或隔一天再复配一次。对有些发情表现不明显，如没有出血现象或外阴部膨胀度很小的母犬最好先用有配种经验的公犬来试情。

6. 如何进行配种

犬虽然也可以用人工授精方法配种，但由于种种原因一般还都是让公、母犬自行交配或加以人工辅助。

为了避免母犬对陌生环境感到不安而影响顺利交配，最好是把公犬引到母犬熟悉的场所进行交配。当需要把母犬运送到公犬所在地配种时，母犬运到后要先让它大小便、稍事休息，等情绪稳定后，再和公犬放在一起。如果母犬允许公犬接近，并互相嗅闻、嬉耍，同时公母犬体格大小接近，又都曾经有过配种经验的，就可以让它们去自行交配，在一旁注意观察即可。如母犬拒绝爬跨，特别是表现出凶恶的姿态，可先行分开，最好把公、母犬分别养在紧靠在一起的两个犬笼里，使之互相熟悉，过一两天再试行交配。

在公母犬体格大小比较悬殊，或者是没有配种经验的公、母犬互相交配的情况下，就需要采取人工辅助交配方法。前一种情况，如母犬体格较大，则让它站在低处，反之母犬体格较小则站在高处，由一名助手抓住母犬项圈，另一手托住其腹部，不让它乱摆，保持交配姿势。当公犬抱住母犬后躯时，用手轻托公犬阴茎根部的包皮，帮助它把阴茎插入母犬阴门，然后轻轻按住公犬腰部防止它从母犬背上滑落下来，等公犬正常推动后躯，从母犬背上爬下，形成"栓结"状态时，就可以放手，让公母犬自行分开，但要注意防止母犬坐下，而使公犬阴茎受伤。对性格凶猛的公犬或母犬在采用人工辅助配种时要戴上口笼以防止咬人。

7. 怎样判断母犬是否怀孕

母犬交配后是否受胎，有经验的宠物医生在配种后 20 天左右用触摸的方法就能够确定。对没有经验的人一般要到妊娠 40 天左右才能从母犬腹部的变化观察出来。如果所怀胎儿数量少，甚至要到即将分娩时才能观察出来。有些母犬交配后虽没有受胎，却有妊娠的表现，腹部也会膨大起来，但到预产期却又很快恢复到原状，这种现象称为假妊娠。假妊娠的母犬有的甚至也分泌乳汁，并给其他仔犬授乳。配种后母犬是否妊娠，可从以下几个方面来判断。

（1）观察阴部：受胎母犬其阴部会迅速收缩，没有受胎的其发情症状大多还会持续一段时间。

（2）观察食欲：孕犬因胎儿发育而食欲增强，但怀孕三四周时可能会出现呕吐，则食欲不振，这属于妊娠反应，大约过一周后就会恢复。

（3）观察体躯变化：妊娠 20 ～ 30 天时，孕犬的乳腺突出，乳房胀大，乳头呈桃红色。如胎儿多时在 40 天左右可见到腹部明显膨大，在胎儿少的情况下，腹部胀大不明显，甚至可能是假妊娠。

（4）称量体重：在母犬配种后立即空腹称量体重，开始隔一周称一次，如果到第五周体重显著增长，则可能是已经怀孕。从第五周开始每隔三天称重一次，如体重仍然直线上升，基本上就能够确定已经妊娠。

（5）**用手触诊**：在配种后第四周用手触摸母犬腹部子宫所在位置，妊娠母犬可感觉到有如鸡蛋大小的胚胎，但要在母犬空腹和刚排完粪便时检查，否则容易与直肠内的粪便混淆。

此外，在配种后 20 ~ 30 天时可请兽医采取血样检查或用超声波诊断等方法早期确诊。

对确定妊娠的母犬在管理上要防止它感染疾病和避免与其它犬咬斗。每天有适当的运动，是防止难产的最好办法，但不要进行激烈运动。在妊娠 30 天左右要进行药物驱除蛔虫、绦虫，以免感染给胎儿和仔犬。在饲养方面注意营养平衡，到妊娠后期即胎儿发育到 40 天左右，喂食以少量多餐为原则，同时要增加日粮中蛋白质、热能和钙、磷的含量。

8. 母犬分娩前需做哪些准备

母犬妊娠期为 60 天左右，可能提前或错后 2 ~ 3 天，其范围一般是 57 ~ 64 天。从配种日算起，加两个月就是预产期，在此之前要做好分娩的准备工作，同时密切观察母犬是否即将临产。分娩前的准备工作主要是：

（1）**准备产房**：把产犬舍和产床彻底清扫消毒，提前放入孕犬。寒冷时室外犬舍如无供暖设备，应让母犬在屋子里的一角分娩。产床或玩赏犬用的产箱要比较宽敞，其面积至少要相当于母犬横卧所需面积的一倍。在室内的犬床或产箱里的铺垫物在仔犬初生至 2 周龄时以铺垫干净的旧报纸最为理想，既经济又适用。方法是先把几张报纸打开整张铺在床面上上面再铺以切成宽约1厘米、长10～15厘米的长条报纸，使用过程中弄脏或潮湿的纸条，随时更换。此外，也可以铺垫柔软的褥草或麻袋、碎布等。

（2）准备好助产用具和药品：如镊子、剪刀、注射器、70%酒精、5%碘酒、0.1%新洁尔灭、灭菌纱布、消毒过的棉球、手术线以及催产药品，等等。

（3）梳洗干净：孕犬临产前要梳洗干净，其臀部和乳房用0.5%来苏尔液或2%硼酸溶液、0.1%新洁尔灭液擦洗消毒。孕犬腹部如有长毛，应把乳头周围的长毛剪去，以便于仔犬吮乳。

9. 母犬临产前有哪些症状

孕犬临产前有以下症状：

（1）臀部坐骨结节处凹陷，阴门肿胀；

（2）分娩前3天左右，从正常的直肠温度38～39℃，下降了0.5～1.5℃，快临产时体温升高到39～40℃，然后再下降到38℃左右，就开始分娩；

（3）乳房肿胀，可挤出白色初乳；

（4）分娩前一天孕犬食欲下降，甚至停食，急躁、坐卧不安，用脚扒铺垫物，呼吸加速，发出呻吟或尖叫声，排尿次数增多；

（5）阴道有白色黏液流出时，即将分娩。

分娩时子宫收缩，子宫颈开张，此时出现阵痛、努责。羊膜破裂后从阴门流出羊水，胎儿进入产道，由于腹肌和膈肌收缩，腹压升高，在子宫收缩和母犬努责的推动下，胎儿从产道排出体外。大约间隔10～30分钟产出一只胎儿，有时间隔长达数小时。胎儿一般是包在胎膜内产出，母犬会用牙齿把胎膜撕破，咬断脐带，然后把仔犬舔干，吃掉胎膜。

10. 如何帮助母犬生产

一般情况下，母犬是会自然分娩的，只需在一旁观察分娩是否顺利、仔犬是否正常，并用毛巾或纱布擦掉仔犬口鼻与身上的黏液。当产仔过多，母犬显得非常疲惫、虚弱时就需要助产，可用手按摩其腹部或在腹部热敷；如胎儿过大产不出来时，用手托住胎儿露出阴门的部分，在母犬努责间歇时把胎儿轻轻回送，并转动其位置，趁母犬努责时把胎儿拉出。有些母犬不会咬断胎儿脐带，可在脐带根部用消毒过的手术线扎紧，然后在距肚脐约2厘米处剪断，断端涂以碘酒，把胎儿放在母犬嘴边，让它去舔干。产出的胎儿如有假死现象，可把胎儿鼻孔和嘴里的黏液擦掉，然后握住后腿倒提起来，轻轻拍打，以控出羊水，必要时再做人工呼吸。遇到难产情况须请兽医及时处理。

重点提示

每胎产仔头数因品种和个体而异，一般是6～7只，少的只产1～2只，多的可达10余只，个别甚至高达20余只。杂种犬和本地犬一般都能顺利分娩。名贵的纯种犬、玩赏犬产仔能力往往较差，常常会发生难产，必要时要做剖腹产等手术。

11. 母犬产后如何护理

（1）母犬分娩结束后，其后躯及乳房等部位会很污秽，要用热的湿毛巾擦净；

（2）母犬产后因保护仔犬而变得很凶猛，因此不要让陌生人去观看，更不能用手抚摸仔犬，以免被母犬咬伤；或母犬为了护仔而吞食仔犬；

（3）分娩后不要立即给母犬喂食，只给清洁饮水，冬季要给温水，大约 5～6 个小时后再喂食。最初几天喂营养丰富的粥状饲料，如牛奶冲鸡蛋、肉粥等，少量多餐，一周后逐渐喂给较干的饲料；

（4）注意母犬哺乳情况，如不给仔犬哺乳，要查明是缺奶还是有病，及时采取相应措施。泌乳量少的母犬可喂给牛奶或猪爪汤、鱼汤和猪肺汤等以增加泌乳量；

（5）有的母犬母性差，不愿意照顾仔犬，必须严厉斥责，并强制它给仔犬喂奶。对不关心仔犬的母犬，还可以采取故意抓一只仔犬，并使它尖叫，这时母犬就会着急而要夺回仔犬，如此多次后可能会唤醒母犬的母性本能。

为了刺激仔犬排泄，母犬必须用舌舔仔犬臀部，如母犬不舔，可在仔犬肛门附近涂以奶油，诱导母犬去舔。

第二节 哺乳与幼犬护理

1. 怎样进行自然哺乳

通常情况下，母犬产后数小时就可给仔犬哺乳。母犬有 8 ~ 10 个乳头，所以可哺 6 ~ 7 只仔犬，大型犬可哺 10 只仔犬，超过此数量就要考虑人工哺乳或寄乳。

产后 3 ~ 5 天内的乳汁称为初乳，其成分与常乳有很大不同，含有较高的蛋白质、脂肪和丰富的维生素，还具有缓泻作用，并可促进胎便的排出。初乳中的各种营养几

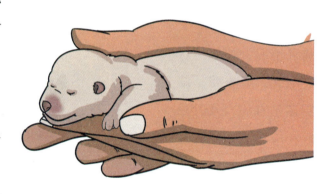

乎全被仔犬吸收利用，对其增长体力、维持体温极为有利。初乳含有多种抗体（母源抗体），这对仔犬有十分重要的意义。从实验得知，仔犬可从初乳中得到 77% 的免疫保护力，随后母源抗体浓度的逐步降低，到 1 周龄时，犬的免疫保护力为 45%，2 周龄时，犬的免疫保护力为 27%，3 周龄时，犬的免疫保护力为 16%，到 8 周龄基本上就没有了。

可见，尽早让仔犬吃到初乳十分重要。

有的母犬乳汁少、母性差，主人要密切注意其授乳情况。母犬生下仔犬每天要喂奶 5 次以上，当仔犬长到半个月后，可降至每天 4 次，1 个月后，母犬就会把咀嚼过的食物吐给仔犬吃，这也是仔犬走向独立生活的重要步骤。如主人发现母犬不会这一动作，就要进行人工补饲。

2. 怎样进行寄养哺乳

保姆犬寄乳又称借乳，就是用其他母犬来哺育仔犬。最好选择与母犬分娩时间相近的保姆犬，通常是选择体格健康、奶多，但种质较差的母犬来寄乳。方法是先把保姆犬牵出产房，用事先准备好的保姆犬乳汁涂抹在要寄乳的仔犬身上，再用犬床上的铺垫物擦抹，使寄乳仔犬身上带有保姆犬的气味，然后把保姆犬放进犬舍。此时要注意保姆犬是否接受放进的寄乳仔犬，如不让它吮乳，甚至咬它，则把保姆犬带上口笼，强迫它侧卧，帮助寄乳犬吸奶，经过几次强迫喂奶后，就会正常哺乳。

3. 怎样进行人工哺乳

新生仔犬的生长发育很快，母犬的乳汁在产后 15 天开始减少，特别是在产仔较多的情况下，母乳就会供不应求。通过测量仔犬的体重就可知道哺乳是否顺利，出生 5 天内，每天增重 50 克左右，6~10 天，每天增重70克，如果母乳不足，仔犬体重增长速度就会降低，这时就要考虑人工哺乳。

市面上出售的犬用奶粉，与母犬的奶水很接近，只要冲泡一下就可使用。如果用牛奶进行人工哺乳，由于其蛋白质含量不足，仔犬还是会被饿死。必须在经过煮沸的新鲜牛奶中，加入犬用奶粉和蜂蜜。

当然，乳汁不是越浓越好，观察仔犬的粪便状态可知道人工哺乳是否顺利，粪便太硬，可以把牛奶调得浓一点，反之，则调得淡一点。喂养得好，仔犬的粪便像柔软细长的面团，可以用手拿起来。

调出来的奶水温度以30～37℃为好，可用婴儿奶瓶喂养。喂奶时让仔犬的两只前脚搭在自己的掌心上，因为仔犬吸奶时习惯用两只前脚搭在母犬的乳房。千万不能像给婴儿喂奶一样仰着喂，那样仔犬会将奶水吸入气管而呛死。喂奶时用酒精棉球擦拭仔犬肛门周围，以刺激它及时排便。

仔犬喝完奶后，肚子像青蛙那样一鼓一鼓得就是吃饱了。

4. 怎样给幼犬补充营养

哺乳15天后，母犬的泌乳量逐渐下降，而仔犬的需要量随日龄及体重的增加而日益增多，母乳就会渐感不足，如不及时补饲，则易造成仔犬营养不良，体质瘦弱，影响正常的生长发育。及早补饲，还可锻炼仔犬的消化器官，促进胃肠道发育，对于乳牙的生长也有好处，可缩短过渡到成年犬正常饲喂的适应期，并为顺利断奶奠定基础。初期应补给牛奶及一些味道鲜美、适口性好、易消化的饲料，如牛奶、米粥、豆浆等。

重点提示

　　补饲可从 15 日龄开始，每天喂新鲜牛奶 100 毫升左右，奶温应在 27 ～ 30℃之间，分 3 ～ 4 次喂完。20 日龄后，增加到 200 毫升，可用奶瓶或倒入食盆中喂养。随着仔犬日龄的增加，可加入部分肉汤，至 30 日龄时可加入切碎的熟肉。到 45 日龄左右，母犬基本停止泌乳，必须及时断乳。

5. 断奶的方法有哪些

　　断奶的时间可根据仔犬的体质和母犬授乳情况而定，一般是在 45 天左右断奶。断奶方法分为：

（1）**到期断奶：** 是指到断奶日期时，强行将仔犬和母犬分开。这种方法的优点是断奶时间短，分窝时间早。不足之处是由

于断奶突然，食物和环境突然发生变化，易引起仔犬消化不良，母犬和仔犬精神紧张，泌乳量大的母犬还可能引起乳腺炎。

（2）**分批断奶：** 是根据仔犬的发育情况和用途，先后分批进行断奶。发育好的仔犬可先断奶，体格弱小的仔犬后断奶，适当延长哺乳时间，促进生长发育。缺点是断奶时间延长，给管理上带来麻烦。

（3）**逐渐断奶：** 就是逐渐减少哺乳次数。在断奶前几天就将母犬

和仔犬分开，相隔一定时间后，再将其关在一起让仔犬吃奶，吃完奶后再分开，以后逐日减少吃奶次数，直至完全断奶。此法可避免母犬和仔犬遭受突然断奶的刺激，是一种比较安全的方法。

6. 怎样配置断奶犬的食物

出生后的 21 天时间里，仔犬完全依赖妈妈的乳汁，但是很快它们一天天长大，母乳已经不能提供成长所需的养分，它将逐渐过渡到采食外界食物。

断奶食物应该含有丰富的蛋白质、脂肪、糖类、矿物质和维生素，有牛奶麦片粥、煮熟的鸡蛋黄、碎肉末、优质犬粮等。断奶食物最重要的一点是容易消化，所以，肉末一定要切得极细碎，食物颗粒也要细小，面包和干燥犬粮要用热牛奶或开水泡软后再喂，稀粥中加入切碎的熟瘦肉，每次 15 ～ 25 克，分早晚两次喂。

到 40 天左右时，母犬基本停止泌乳，开始不理睬它的孩子，甚至威胁靠近的仔犬，这时主人就全面接手幼犬的喂养工作了。

（1）不管春夏秋冬，都应该喂给仔犬加热过的食物，但不要把煮熟的食物马上喂；刚从冰箱中拿出的食物不能直接喂给仔犬，太冷或太热的食物都会损伤爱犬的口腔。

（2）仔犬断奶是否顺利，可以从它的排便情况看出来，哺乳期间的粪便为灰白色或黄褐色条状，断奶时它的粪便呈有光泽的黑色长串，喂养不顺利则粪便或稀或稠，不成条状。

7. 怎样护理刚出生的仔犬

　　初生仔犬是指产后两周的仔犬。仔犬在未出生前，是在母犬子宫内发育，营养物质和排泄废物等均是通过胎盘进行，子宫内环境和温度相对恒定，不受外界因素的影响。而仔犬出生后，环境发生剧烈的变化。要使仔犬各组织器官逐渐协调起来，适应环境变化的需要，初生时的护理非常重要，否则，初生犬难以成活。初生犬的护理主要抓住以下几点：

　　（1）防止窒息：初生犬刚产出时，口、鼻周围常有大量黏液和羊水等，应迅速将之清除，保证仔犬呼吸道通畅，防止黏液随吸气吸入而阻塞气道，使仔犬窒息而死。当仔犬发生窒息时，应立即进行人工呼吸，并吸除和清理口腔和鼻腔中的黏液等异物。

　　（2）注意保暖：刚出生的仔犬，因其体温调节中枢尚未发育完全，皮肤调温机能差，所以在冬季、早春和秋末季节应特别注意保温，以防冻死或感冒等。初生仔犬对环境温度要求，第 1 周为 29 ~ 32℃，第 2 周为 26 ~ 29℃，第 3 周为 23 ~ 26℃，第 4 周为 23℃左右。

（3）保障吮乳：刚生下的仔犬，头左右摆动，向热源的方向前进，并靠触觉寻找乳头，体弱的幼犬行动不灵活，往往不能及时找到奶头，或易被挤掉，因此应给予人工辅助，特别是要让仔犬吃足初乳，因其体内不能产生抗体，而产后3天内母犬分泌的乳中含有丰富的多种抗体，新生仔犬若得不到此抗体就很难成活。为了保障每只仔犬都能得到母乳的哺育，防止仔犬争夺乳头，使体弱仔犬吃不到奶而死亡，提高仔犬的成活率，必须固定奶头，一般绝大多数仔犬在出生后不久便可自行固定奶头，但对吃不上母乳的弱小仔犬，应帮助其找到乳量较多的奶头，让其吮吸，并予以固定。

（4）**防踩防压**：初生仔犬，又小又弱，行动不灵活。加之母犬在分娩过程中由于体力消耗较大，所以分娩后十分疲劳，感觉迟钝，反应性降低，因此，很易不自主地压住仔犬而又全然不知，以致仔犬窒息死亡。另外，产后的母犬发现生人时，为护仔而常发怒，狂吠而乱动，很易踩伤仔犬。保护仔犬的措施可使用产仔箱和护仔栏等，均可取得良好的效果。

初生仔犬可因先天性异常和分娩期的损害及管理方面的因素而发生脱水、体温过低、腹泻、毒乳综合征、产后皮炎和产后眼炎等，应积极采取预防措施，并针对发病特征及时进行救治。尤其要注意脐带部感染或发病。因为初生仔犬脐带断后，仔犬间可互相舐吮，结果导致感染。另外，当发现脐血管闭锁不全，有血液渗出，或脐尿管闭锁不全，有尿液流出时，应及时进行结扎，或找兽医治疗。

8. 怎样观察仔犬发育情况

　　仔犬生长发育快，物质代谢旺盛，如 1 只体型中等的德国牧羊犬，出生时体重一般仅为 0.5 千克，但 10 日龄时可达 1.2 千克，45 日龄时达 6 千克以上，为初生时的 10 倍多。这种出生后迅速生长，是以旺盛的物质代谢为基础的。因此，仔犬对营养物质的需要不论是数量和质量都要求很高，对食物中的营养不全反应敏锐，极需要全价平衡的饲料。但仔犬的消化器官不发达，消化腺机能也不完善。仔犬开始只能吃奶，不能消化其他较难消化的饲料，随着胃、肠等消化器官和消化腺的不断生长，功能的不断完善，才逐渐过渡到可消化其他动物性饲料和植物性饲料。如此，就构成仔犬对饲料的质量、形状、饲喂的方法和次数等饲养上的特殊要求。了解这些情况，就会针对仔犬发育的不同情况，查清原因，及时纠正，保障仔犬的正常发育。

　　要细致观察和全面掌握仔犬的发育情况，就应每天对仔犬逐个称重，做好记录，以便从仔犬体重的变化来了解母犬泌乳的能力、质量，决定是否需要补饲。一般情况下，当母犬产仔不超过 6 只，乳汁和乳量正常时，仔犬生后 5 天内，每天平均增重不少于 50 克；在 6～10 天内，每天平均增重 70 克左右；从第 11 天起，由于母乳不足，仔犬体重每天增加数开始下降。此时如果能迅速采取合理补乳措施，仔犬的体重会保持直线上升。在仔犬断奶前 5 天内，平均日增重可达 115 克左右，到离奶时发育好的仔犬，体重比出生时可增加 8 倍以上。由此可知，掌握仔犬体重变化的规律，以便及时发现哺乳，补饲的质量、方式和次数等对仔犬的影响，迅速纠正存在的问题，使每个仔犬都能健壮地生长发育。

9. 怎样护理幼犬

护理的好坏是幼犬生长发育的重要因素。对 2 ~ 3 个月的幼犬更需要耐心细致的护理。因为这不仅与幼犬的体质发育关系极大，而且对神经活动的正常发育有直接的影响。对幼犬的护理，主要抓好：

（1）安排散放运动：幼犬的散放运动之初，最好成窝随母犬一起进行，每天 2 ~ 3 次，每次 30 分钟左右。随着幼犬年龄的增长，散放时间应逐渐加长，每次可达 1 小时左右。在散放运动过程中，可令幼犬通过自然小障碍物、小沟，攀登小山、上下楼梯等，加以锻炼，但要适度，不能强迫。

（2）搞好犬体及犬舍卫生：幼犬从断奶开始，就应经常给它梳刷和洗澡。这对促进其皮肤的血液循环和新陈代谢，防止皮肤病的发生以及机体的功能和代谢调节，均大有益处。由于幼犬的皮肤薄，较敏感，所以在梳刷和洗澡时忌粗暴或用力过猛，宜操作轻快使犬有舒适感，也不应用碱性大的肥皂和洗衣粉给其洗涤，而宜用药皂、宠物洗毛精等进行洗涤。洗澡完毕，尽快用干毛巾将被毛擦干，或用吹风机将被毛吹干，防止幼犬感冒。

犬舍及犬床要经常打扫干净，及时清除粪便及污物，定期消毒。垫草要经常日晒，并及时更换。犬舍要经常保持干燥和空气流通，做到防暑防寒。

（3）定期驱虫：幼犬容易感染蛔虫或其他寄生虫，这对幼犬的生长发育有很大的影响。因此，幼犬应从断奶后，就投给适当的驱虫药，以后每隔 2 个月左右重复给药，直到 6 月龄为止。常用的驱蛔虫药有盐酸左旋咪唑，10 毫克 / 千克体重，1 次口服；驱蛔灵（噻咪唑），10 毫克 / 千克体重，1 次口服。

10. 为什么要给宠物犬做绝育

给宠物犬绝育是为了让宠物犬以后的生活更好，不用担心因为生育而带来麻烦。宠物犬绝育后虽然不能进行生育，不过宠物犬绝育也有很多好处：

（1）给犬做绝育手术能使宠物犬的寿命延

长。这是因为不断地、过度的生育活动会使身体器官加速老化，缩短宠物犬的寿命。

（2）给犬做绝育手术可以改变宠物犬的性格，减少或彻底改变宠物犬外出游荡、打斗、到处撒尿、嚎叫的习惯，从而大大减少丢失或受伤、被传染疾病的机会，同时使宠物犬变得更加富于感情，乐于与人相伴，变得更加温顺，因而减少了宠物犬被抛弃的可能性。

（3）宠物犬可能会因为发情乱跑，做了节育后，宠物犬也就比较

重点提示

给宠物犬做绝育手术能使宠物犬活得更健康，减少患病的机会。有研究表明绝育手术可以减少雌性宠物犬患子宫和卵巢癌及乳腺癌的机会，特别是在雌性动物刚刚性成熟尚未生育就做绝育手术效果更明显。绝育手术可以使雄性动物减少患睾丸癌的机会，降低前列腺疾病的发病率。

好控制，性情也比较温和，对其他宠物犬也不会有那么多的兴趣，所以宠物犬绝育后可以有条件散放。

11. 给公犬去势的办法

正常公犬的永久性绝育，使其温驯，去腥臊味，大大减少睾丸炎、阴囊炎、肿瘤、精索炎、前列腺肿大等的发病率。

手术将犬全身麻醉，仰卧保定，尾拉向背侧并固定。术者左手捏紧阴囊基部使侧睾丸向前下方突起，右手持刀在紧张的阴囊前下方沿中线切开。切口打开后，左手稍一用力睾丸及其总鞘膜即从切口脱出。

以后的术式可以采取两种方法：

（1）开放式：纵向切开总鞘膜，拉出睾丸，同时分离睾丸系膜，暴露精索。用双钳夹住精索进行捻转，直至精索断裂，或用手指来回刮断精索，摘掉睾丸，必要时结扎精索。

（2）闭合式：不切开总鞘膜，先切断睾丸后方的阴囊韧带，精索连同精索外的总鞘膜起结扎（结扎要确实），在结扎线远端段切断精索及总鞘膜，摘除睾丸。从同一切口内摘除另一侧睾丸，阴囊切口分层缝合，切口涂 2% 碘酊并撒布消炎粉。

术后应保持创口干燥，防止舔咬。注意观察阴囊变化，以防止出血或感染。若用肠线缝合阴囊皮肤（皮内缝合，使之外翻），则不必拆线。

12. 给母犬做绝育的方法

给母犬做绝育可以做卵巢子宫切除术。凡是母犬的绝育以及子宫、卵巢、输卵管疾病的治疗都可以做此手术。生理性绝育可以切除卵巢，如果与子宫一并切除还可以预防子宫疾病。手术以 1 岁以后为宜，术前最好停食半日。

由于母犬卵巢处皮下韧带较短，一般有腹白线正中切口和垂直腹白线切口两种形式。但前者因为手术过程中出血少，容易定位而常采用。具体手术部位是：由脐孔起（猫由脐孔后1.5 ~ 2 厘米起）沿腹白线正中作 4 ~ 8 厘米长切口。

手术过程：

（1）将犬全身麻醉、仰卧保定。

（2）术部常规剪毛、消毒。沿腹白线纵向切开皮肤。

（3）分离皮下组织直到腹膜，提起并剪开腹膜，充分暴露腹腔。

（4）用食指与中指顺着腹壁进入腹腔探寻卵巢。卵巢位于第三至第四腰椎横突下方的腰沟内，被卵巢囊所包裹。也可以先找到子宫体，再顺着子宫体找到卵巢。子宫体为一质度较硬的管状物，触摸时手感与肠管、输尿管、血管不同。

（5）探寻到卵巢以后，屈曲指节将之夹在指腹与腹壁之间带出，

尽量将卵巢牵引出创口外，先剪卵巢肾脏韧带，用止血钳夹住子宫卵巢韧带。

（6）如果只摘除卵巢应展平子宫阔韧带，在其无血管区用小止血钳捅开一小口，贯穿两根结扎线，分别在卵巢的子宫角侧和卵巢肾脏韧带侧进行结扎。将结扎线小心向上轻提，先于子宫角侧结扎处与卵巢之间剪断，再于另一结扎处与卵巢之间剪断。此时应注意观察各断端是否有出血或结扎线松脱现象。如果没有，切断结扎线摘除卵巢及卵巢囊，将组织器官复位。同法摘除另一侧。

（7）如卵巢子宫一并切除，则先不结扎卵巢的子宫角侧的输卵管与阔韧带，牵拉双侧子宫角暴露子宫体，分别在两侧的子宫体阔韧带上穿一根线结扎子宫角至子宫体之间的阔韧带。将子宫与子宫阔韧带分离。双重钳夹子宫体，分别结扎夹钳后方的子宫体连同两侧的子宫头，静脉于双钳之间切除子宫体，连同卵巢上并摘除。拆钳，检查两断端是否有出血或结扎线是否松脱。

（8）常规方法闭合肠壁切口，整理创缘，安装结扎绷带。

手术后应注意其全身反应。若怀疑腹腔内出血，应采取止血措施，腹腔内注射抗生素，防止继发感染。

第六章

防疫及常见病防治

1. 常见的接种类型有哪些

注射狂犬病疫苗的常见类型包括：美国辉瑞卫佳 5、中牧四联、宠必威英特威四联疫苗、辉瑞卫佳 8 疫苗等。

美国辉瑞卫佳 5 是一种四联狂犬疫苗，用于预防犬瘟热、犬腺病毒 1 型引起的传染性肝炎、犬腺病毒 2 型引起的 呼吸道病、犬副流感和犬细小病毒肠炎，并且运用辉瑞独特的技术，是 30 天内的 小狗能注射的 5 联以上疫苗。适用于幼犬和成犬，提供对狂犬病的免疫保护。

中牧四联也是一种常见的犬用狂犬疫苗，它提供了对多种疾病的保护，通过接种中牧四联疫苗，可以有效预防犬瘟热、犬细小病毒、犬副流感、犬腺病毒、狂犬病等重要疾病，保障宠物的健康。

宠必威英特威四联疫苗是另一种选择，这是一种进口疫苗，提供全面的宠物健康保护，是一种针对狗狗的常用疫苗，主要用于预防犬瘟热、犬细小病毒病、犬传染性肝炎和副流感等四种疾病。英特威四联疫苗适用于 3 月龄以上的犬只，并在成年后定期接种加强疫苗。

辉瑞卫佳 8 疫苗是一种八联疫苗，除了提供对狂犬病的保护外，还用于预防犬瘟热、犬腺病毒 1 型引起的传染性肝炎、犬腺病毒 2 型引起的呼吸道病、犬副流感、犬细小病毒病、犬冠状病毒病，以及犬钩端螺旋体和黄疸出血型钩端螺旋体引起的钩端螺旋体病等多种疾病的保护。这种疫苗适用于幼犬和成犬，提供全面的健康保护。

以上疫苗品牌都拥有农业部签发的进口兽药注册证书号，可以放心使用。选择合适的疫苗品牌时，应考虑犬只的年龄、健康状况以及兽医的建议。此外，对于错过集中免疫的犬只，可以带到指定的日常免疫点进行接种。

 2. 常见的免疫反应有哪些

预防接种发生反应的原因是一个复杂的问题，是由多方面的因素造成的。生物制品对机体来说，都是异物，经过接种后总有反应过程，不过反应的性质和强度可以有所不同。在预防接种时的不良反应，一般认为是经预防接种后引起了持久的或不可逆的组织器官损害或功能障碍而致的后遗症。反应的类型可分为：

（1）**正常反应**：是指由于制品本身的特性而引起的反应，其性质与反应强度随制品而异。例如，某些制品有一定毒性，接种后可以引起一定的局部或全身反应。有些制品是活菌苗或活疫苗，接种后实际是一次轻度感染，也会发生某种局部反应或全身反应。此类反应在犬身上往往表现为轻度发热、食欲不振、精神稍差，过几天，机体会自行恢复正常。随着科学的发展，进一步加强研究，改进质量和接种方法，是可以逐步解决的。

（2）**严重反应**：和正常反应在性质上没有区别，但程度轻重或发生反应的动物数量超过正常比例，引起严重反应的原因：或由于某一批疫苗质量较差；或是使用方法不当，接种途径错误；或是个别动物对某种疫苗过敏。这类反应通过严格控制疫苗质量和遵照使用说明书可以减少到最低限度，只有在个别特殊敏感的动物中才会发生。

（3）合并症：是指与正常反应性质不同的反应。主要包括：起敏感（血清病、过敏休克、变态反应等）；扩散为全身感染（由于接种活疫苗后，防御机能不全或遭到破坏时可发生）和诱发潜伏感染。

3. 注射疫苗时需要注意什么

（1）**确保宠物犬处于健康状态**。在注射疫苗前，应检查宠物犬的健康状况，确保其没有腹泻、呕吐、食欲不振、流鼻涕、打喷嚏、发热、精神萎靡等症状。如果宠物犬有身体不适，应等待恢复健康后再进行疫苗注射。

（2）**注射前禁止洗澡**。在疫苗注射前5～7天内，不能给宠物犬洗澡，以防止着凉生病。如果已经洗澡，应观察7天后再进行疫苗注射。

（3）**选择专业的宠物医院**。到专业的宠物医院进行疫苗注射，并确保兽医在宠物犬的手册上签章，注明疫苗种类。

（4）**观察过敏反应**。疫苗注射后，宠物犬需要在宠物医院观察20分钟左右，以确保没有过敏反应。如果宠物犬出现不适，可以及时得到医治。

（5）**禁止洗澡**。疫苗注射后7天内，不可以给宠物犬洗澡，防止感冒影响疫苗效果。

（6）**注意保暖**。疫苗注射前后，应注意给宠物犬保持恒温，避免因抵抗力下降而诱发疾病。

（7）**注意卫生**。疫苗注射前后，要注意宠物犬饲养环境的卫生保持干净，以避免感染而诱发疾病。

4. 怎样给宠物犬缠绷带

犬在受伤的时候或手术以后，都需要仔细地给它缠上绷带。按照犬需要缠绷带的部位的不同，缠绷带的方法也有所不同。

在腹部需要大面积缠绷带的时候，可以用一块消毒的白布，按照犬的四肢的位置，剪出四个大小适宜的洞，然后把布穿过犬的四肢，紧紧地包在犬的腹部，并在犬的背部打结，绷带的松紧要适中，不要对患处产生不适。

在犬的患处较小的时候，则可以采取环形缠绕的方法，把细带在一个地方反复地缠绕几圈即可。如果犬的患处较大，在开始的地方进行环形缠绕之后，再向前螺旋缠绕，在需要结束的地方，再进行环形缠绕即可。

在犬的大腿部等较粗的部位需要缠绷带的时候，则要采取折叠缠绕的方法，即在进行环形缠绕的时候，在一定的部位，即绷带向相反的方向折叠，然后继续环形缠绕，在每一圈的同一部位，都进行一次折叠。

在犬的关节等部位需要缠绕绷带的时候，则需要采用交叉缠绕的方法，即在关节的一侧先进行环形缠绕，然后在关节的两侧进行"8"字形的交叉，最后在关节的另一侧进行环形缠绕。

5. 怎样给宠物犬打针

打针，即采用注射的方法将药液注入病犬体内，包括皮下注射、肌肉注射、静脉注射和腹腔注射四种。

（1）**皮下注射**：多用于刺激性较小的药物，如血清、疫苗等。药量多时则分点注射。其部位可选择在皮肤较薄而皮下疏松之处，如前肢肩胛两侧的三角肌处。注射时，术者以左手拇指及食指轻轻捏起皮肤，形成一个皱褶，右手持吸好药液的注射器，针头由上向下刺入皮下后，即可注射，注射完药液后可见局部形成一个小丘。注射完毕，拔出针头，用5%碘酊棉球消毒。

（2）**肌肉注射**：大多数药液采用此种入药途径。其部位可选择在肌肉丰满且无大血管通过的股部后外侧肌肉。注射时，先将针头垂直地迅速刺入肌肉内，接上注射器，或将针头接在注射器上，直接刺入肌肉内，回抽注射栓，无血回流入针管时，即可注射。注射完毕，拔出针头，涂擦5%碘酊棉球消毒。

（3）**静脉注射**：适用于药量大、刺激性强的药物，如补液、输血、氯化钙等。其部位可选择在前肢的正中静脉上。其方法是：先用橡皮带或止血带扎紧静脉的近心端，使其静脉怒张显露，剪毛消毒后，术者手持连接有6号或7号针头的注射器（注射器内的空气排净，无气泡存在），将针头先向血管旁的皮下注入，再与血管平行注入静脉，回抽注射器活塞，如有回血，即可松开橡皮带或止血带，进行注射。也可用头皮针连接输液管进行输液。注射完毕后，用5%碘酊棉球消毒。

（4）**腹腔注射**：适合于药液量太大或治疗腹部疾病。将犬前躯侧卧、后躯仰卧。注射部位在趾骨前缘、腹正中线旁 2～3 厘米处，垂直刺入针头 2～3 厘米左右，然后回抽活塞，如无血液或其他脏器内容物进入针管，说明针头在腹腔内，即可注射。注药完毕，拔下针头，局部用 5% 碘酊棉球消毒。

 ## 6. 怎样让宠物犬吃药

让宠物犬吃药是最常用的一种治疗技术，可分为拌料给药法和口服灌药法两种：

（1）**拌料给药法**：本法适合于尚有食欲的犬，且无异常气味、无刺激性、用量又少的药物。给药时，把药物与犬最爱吃的食物（如鸡肝、牛肺等）拌匀，让犬自行吃下去。为使犬能顺利吃完拌药的食物，最好吃药前先让犬饿一顿。

（2）**口服灌药法**：就是强行将药物经口给犬灌入胃内。灌服前，先将药物加入少量水，调制成泥膏或稀糊状。灌药时，将犬站立保定或侧卧保定，助手用手抓住犬的上下颌，将其上下分开，投药者用圆钝头的竹片刮取泥膏状药物，直接将药涂于舌根，或用小匙将稀糊状的药物倒入口腔深部或舌根上，慢慢松开手，让犬自行咽下。药量较多时，站立保定，令助手拉紧脖圈并固定上下颌，投药者一手持

药瓶或金属注射器，一手自一侧打开口角，然后自口角缓缓倒进药液，让其自咽，咽完再灌。至于胶囊或片剂，可在打开口腔后，用药匙或竹片将药片送到口腔深部的舌根上，迅速合拢口腔，并轻轻叩打下颌，以促使犬将药物咽下。经口灌药时，犬头不能抬得过高，以免灌入气管及肺内。对有刺激性的水剂药物，特别是剂量大时，则不适合口服。

7. 怎样保定宠物犬

保定犬是指人力或用器械来控制犬的行为、限制其挣扎活动，借以保证诊断或治疗顺利进行的方法。其基本原则是：安全、迅速、简单。保定犬的方法很多，常用的有以下几种。

（1）站立保定法：令犬站立而限制其自由运动的简便方法，适用于一般检查。多对一些温顺的犬采用此法保定。实施方法是：保定人员站在犬的左侧，面向犬的头部，用友善的态度、温和的声调，并不时呼唤犬的名字，用稳妥的举动，消除犬的惊恐而接近犬。接近犬后，可用手轻拍犬的颈部和胸下方或挠痒，取得犬的好感。然后用牵引带套住犬嘴，予以适当固定即可。

（2）口笼保定法：选择大小合适的口笼套在犬的嘴上，防止其咬人的保定方法。如无口笼，也可用一条1米左右长度的绷带，在其中间打一活结圈套，并将上下颌用绷带固定好，绷带头系于颈部即可。也可直接用牵引带将犬嘴套住，并固定好。

（3）手术台保定法：多用于犬的静脉注射或局部外伤的处理等。其方法是：先将犬侧卧在手术台上，并用细绳将前后肢固定在手术台上，助手按住犬头部，防止其骚动。保定妥当后即可进行诊疗工作。

（4）颈钳保定法：此法主要用于凶猛咬人或处于兴奋状态的病犬，

颈钳由铁杆制成，包括钳柄和钳嘴两部分。通常钳柄长90~100厘米；钳嘴为20~25厘米的半圆结构，钳嘴合拢时呈圆形。保定时，保定人员手持颈钳，张开钳嘴将犬的颈部套入，合拢钳嘴后手持钳柄即可将犬牢固地予以保定。

（5）窗台站立保定法：此法适用于小型观赏犬。由一人提起犬的两前肢，使其站立在窗台上，面向窗户，另一人给犬施行检查或药物注射，此法简便易行。

8. 怎样给宠物犬消毒

犬的被毛及皮肤上存在着大量病原微生物，当犬的体表发生创伤或施行手术时，病原微生物极易侵入创内而引起化脓性感染。因此，对术部及其邻近部位进行严格的消毒是非常重要的。消毒包括注射及穿刺部位的消毒和手术区的消毒两种。

（1）注射及穿刺部位的消毒：常用的消毒程序为，局部剪毛→5%碘酊涂擦→70%酒精脱碘→实施注射或穿刺术。

（2）手术区的消毒：目前临床上常采用以下两法，即5%碘酊两次涂擦术部消毒法和新洁尔灭或洗必泰溶液消毒法。

①5%碘酊两次涂擦术部消毒法：消毒步骤为，局部剪毛→剃毛→1~2%来苏水洗刷手术区及其周围皮肤→纱布擦干→涂擦70%酒

重点提示

术部消毒应注意以下两点：一是术部消毒一般应从术区中心开始逐渐向周围涂擦；二是口腔、阴道等黏膜均不能耐受碘的刺激，因此宜用刺激性较小的消毒剂，如醋酸氯己定溶液，0.5~1%碘伏和0.1%高锰酸钾溶液等来消毒。

精→第一次涂擦 5% 碘酊→局部麻醉→第二次涂擦 5% 碘酊→术部隔离→70% 酒精脱碘→实施手术。

②新洁尔灭或洗必泰溶液消毒法：消毒步骤为，剪毛→剃毛→温水洗刷、擦干→用 0.5% 新洁尔灭或洗必泰溶液洗涤两次、擦干→实施手术。

9. 发生传染病后应采取哪些措施

第一，加强观察，早期发现病犬，及时确诊。饲养人员要注意观察犬群的食欲、饮水、粪、尿及全身状况，以便及时发现病犬。当怀疑发生传染病时，应请兽医及时确诊，以便采取相应措施，把已发生的疫病控制在最小范围内，加以扑灭。

第二，确定为传染病后，应迅速采取紧急措施，将病犬与健康犬严格隔离，以免扩大传染。对重症无治愈希望的或危害性很大的病犬，要及时扑杀淘汰。有治疗价值的应在隔离条件下及时进行治疗。

第三，病犬或可疑病犬用过的垫草、粪便污染过的用具、犬舍、运动场地等要进行严格消毒，以消除环境中的病原体。剩余的饲料、污染的垫草及粪便应烧毁，不可再用。病犬尸体严禁随地剖检和随意丢弃，应在远离犬舍、水源的地方深埋或烧毁。

第四，传染病犬及疑似传染病犬的皮、肉以及内脏须经兽医检查，根据规定分别作无害处理后再利用或深埋。

第五，发生传染病期间，犬场应严禁外来人员、动物和车辆等进入，本场人员和车辆出入犬舍时，必须经过严格消毒。

第六，疫情结束后，全场各犬舍都应进行彻底清扫、消毒，犬舍关闭 2 ~ 4 周，再经彻底消毒后，方可进犬舍饲养。

 **10.　怎样给犬测量体温**

给犬测量体温通常是测量其直肠温度。测温时，先将体温计（又称肛表）的温度甩到35℃以下，用酒精棉球擦拭并涂以红霉素软膏或食用油等润滑后使用。对被测犬先作适当保定（如由另一人控制犬的头部），然后将犬尾根稍微上提，将体温计缓慢地插入犬肛门内，在插入时，体温计应斜向前上方，与直肠角度一致，以免损伤直肠或插入困难。插入后，体温计可用细绳在后端系一小夹子，把小夹子固定在犬背部毛上，以防体温计脱落。经3～5分钟后取出，读出体温计实测数值。目前新型电子检温器只需10秒左右即可得到正确的体温。

一般成年犬正常体温为37.5～38.5℃，幼犬为38.5～39℃。体温在一天内还会有一定波动，通常晚上高、早晨低，日差为0.2～0.5℃。当外界炎热以及犬吃食、运动、兴奋、紧张时，体温略有升高。

犬直肠炎、频繁下痢或肛门松弛时，直肠温度亦会有一定变化。

11.　犬的正常呼吸和脉搏各是多少

犬的脉搏亦是反映犬健康状态的重要指标。检查犬的脉搏常在股动脉处进行，检查者位于犬的后侧方，一手握后肢，一手伸入股内侧，用手轻压股动脉进行检查。

检查时，不仅要注意脉搏数，还要注意脉的性质和脉搏的节律。正常情况下，犬脉搏数分别为：成犬68～80次/分，幼犬80～120次

/分。当犬剧烈运动、兴奋、恐惧、妊娠、过热时，脉搏可一时性增多。

如果犬有过肥、患皮肤炎症以及其他妨碍检查脉搏情况，可根据听诊检查犬的心搏次数。每分钟的心搏次数叫心率。

心率增高，多见于各种发热疾病及心脏疾病、贫血及疼痛等。心率降低见于颅内压增高（脑积水）、药物中毒、心脏传导阻滞、窦性心动过缓等病症。

12. 如何判断宠物犬是否患病

要正确判断自己所养的犬是否患病，必须对它们的生活和精神状态认真观察，尽早发现，及时治疗。犬如果有反常表现，就应考虑有患病可能，以下反应可能是发病的表现：

①精神沉郁懒动，食欲比平时减退，躲在阴暗角落，嗜睡，而且平时的嗜好也会突然改变；

②频繁饮水，嗷叫；

③尿液变成乳白色或褐色，大便稀软带血也是病兆表现；咳嗽、打喷嚏或 12 小时两次以上的呕吐也是发病的表现；触摸犬体表时出现疼痛感，或对抚摸发怒；

④行走异常，步态不稳；

⑤频繁摇头或用前、后肢不停地抓挠身体固定部位；

⑥健康的犬鼻子应该是冰凉湿润，如果流鼻涕或鼻子很干燥、鼻端色泽异常也是发病的前兆；

⑦间歇性抽搐痉挛，伴有泡沫性呕吐、倒卧等症状；

⑧嗜食异物、杂物；

⑨双眼混浊，不明亮，也没有平时的灵性，有分泌物如有眼泪、眼屎或眼充血，此时可能患白内障等眼疾；

⑩口臭，牙龈充血，此时可能感染寄生虫或传染疾病；皮毛失去光泽或脱落，这是出现皮肤病的表现。

 ## 13. 怎样带宠物犬看病问诊

根据朋友或原本饲养者推荐，挑选合适的兽医。看兽医前应该了解：门诊时间、是否有预约制度、日常的预约必须提前多少时间打电话、是否出诊、夜间急诊如何安排、是否保持病史记录，以便您搬家时可把病史转交给新兽医的详细情况。

带犬去看兽医的准备：如果兽医诊所实行预约制度，应尽可能先打电话预约。假如犬需要实行手术，就诊前应禁止犬进食和饮水。进诊所时，首先观察诊所内有无幼犬分开的候诊室。如果有的话，这就是未接种疫苗

的健康幼犬候诊的地方。挂号后用短绳控制犬。因为许多犬在诊所里会因紧张而发生争斗。一般来说，病情较轻的犬最好抱在膝上，而病得很厉害的犬最好放在汽车里，直到快要叫到它时再把它抱进诊所，这样可避免因和其他动物接触而传染疾病。

诊察室的问诊：走进诊察室时，紧紧握住绳索，把犬控制在身边。大多数兽医喜欢先让犬放松，在犬安定后，再问主人各种问题。

做好准备，告诉兽医下列情况：犬的品种、性别和年龄；养这条犬已有多久时间；它的近况，最近是否待在犬屋里，最近是否患过疾病；最后一次疫苗接种是什么时间；为什么就诊，自己观察到犬有什么病症；犬进食、饮水、排尿和排便是否正常等一系列问题，以方便兽医及时科学地诊断。

重点提示

　　手术前一天傍晚6时起禁止让犬进食，9时停止饮水。最初是以注射方式注入麻醉药，然后把一根导管插入气管，从导管注入气体麻醉药，使犬在手术期间保持睡眠状态。犬在停止使用麻醉药气味，呼吸自然空气时开始恢复知觉。约1小时后，犬勉强能够站立。

第二节 常见病防治

1. 狂犬病

狂犬病又名恐水症,俗称疯犬病,是由狂犬病病毒引起犬、人及其他恒温动物共患的一种急性接触性传染病。病毒对酸、碱、过氧化氢、高锰酸钾、新洁尔灭、来苏水等消毒药敏感。日光、紫外线、超声波、1~2%肥皂水、43~70%酒精、0.01%碘液、丙酮、乙醚都能使之灭活。病毒不耐湿热,50℃15分钟,80℃5分钟,100℃2分钟均能灭活,在冷冻或冻干状态下可长期保存病毒。在50%甘油缓冲溶液中可保存一年,4℃下可存活数月。

本病分布广泛。病犬及带毒的其他动物是本病的主要传染源,蝙蝠唾液腺也可带狂犬病病毒,在传播本病方面起着重要的作用。人、各种家畜、禽类及野生哺乳动物对本病都有易感性。没有年龄、性别差异,一般春、夏比秋、冬多发。

病犬的唾液中含有大量的病毒,主要通过咬伤而传播,所以流行链条特别明显，一个接着一个的顺序呈散发形式发生。也可通过损伤的皮肤、黏膜而感染发病，也可经消化道黏膜和呼吸道黏膜感染。病毒潜伏期差别较大，与伤口部位距中枢神经的远近、侵入病毒的毒力及数量等因素有关。短则8天，长可达数月或1年以上。犬、猫平均20～60天，人为30～60天。病犬有以下临床特点：

（1）**前驱期：**病犬精神沉郁，举动反常，瞳孔散大，不听呼唤，喜藏暗处。反射功能亢进，稍有刺激便极易兴奋。食欲反常，异嗜，好食碎石、泥土、木片等异物，不久发生吞咽障碍，唾液增多，并含有大量病毒。后躯软弱。伤处发痒，常以舌舔局部。前驱期一般为1～2天。

（2）**狂暴期：**病犬兴奋不安，很快发展为剧烈的狂暴，攻击人、畜或咬伤自身。有的病例无目的地奔走，甚至一昼夜奔走百余里，且多半不归。咽喉肌麻痹，叫声变得嘶哑。下颌下垂，吞咽困难，唾液增多，以后病犬显著消瘦，眼球下陷，散瞳或缩瞳，尾巴下垂夹于两后腿之间。狂暴发作往往与沉郁交替出现。病犬疲劳，卧地不动，不久又站起，表现出一种特殊的斜视及惶恐表情，神情紧张。若此时受到外界刺激，会出现新的发作。有的病例见到水或听到水声，即可引起病犬的狂暴发作，所以又称恐水症。狂暴期一般为3～4天。

（3）**麻痹期：**病犬消瘦，精神高度沉郁，张口，垂舌，斜视，从口中流出带泡沫的唾液。咽喉肌麻痹，下颌肌、舌肌、眼肌发生不全麻痹。不久，后躯麻痹，行走摇晃，尾巴垂于两腿之间，常倒卧在地。最终因全身衰竭和呼吸中枢麻痹而死亡。麻痹期一般为1～2天。

整个病程6～9天，少数病例可达10天。目前流行的狂犬病，出现典型病程的较少，以非典型病例为主。有的病例兴奋期短，甚至由前驱期直接转为麻痹期，称之为沉郁型狂犬病，经2～4天死亡。

防治方法如下：

（1）**预防：**对犬等动物，主要进行预防接种；对人是在被疯犬或其他动物咬伤后进行紧急接种（暴露后接种），争取在病毒进入中枢神经系统以前，使机体产生较强的主动免疫水平，从而防止发病。对经常接触犬、猫和野生动物的从业人员、具有较高感染危险的兽医及其他人员，应考虑进行预防性接种。

（2）免疫：目前我国主要为灭活疫苗。幼犬在完成整个免疫程序后，成年犬则每年接种一次狂犬疫苗，以保持其免疫力的持续有效，免疫时间可达1年以上，在控制传染媒介（犬），降低人群被咬伤后的狂犬病感染率和病死率方面都有积极作用。

（3）治疗：狂犬病是一种人兽共患的烈性传染病，构成对人的威胁，人若被狂犬病或疑似狂犬病的动物咬伤时，应迅速对伤口进行处理，用肥皂水反复冲洗，再用清水冲洗，然后选用0.1%新洁尔灭、

重点提示

若有人被犬咬伤或抓伤后，应立即用20%的肥皂水反复冲洗伤口，伤口较深者需用导管伸入，以肥皂水持续灌注清洗，力求去除犬涎，挤出污血。一般不缝合包扎伤口，必要时使用抗菌药物，伤口深时还要使用破伤风抗毒素。一旦被咬伤，疫苗注射至关重要，严重者还需注射狂犬病血清。

0.1%高锰酸钾、碘酊或70%酒精对伤口进行消毒，并在24小时内及时接种狂犬病疫苗或注射狂犬病高免血清。对患病动物应立即扑杀，不宜治疗，肢体必须烧掉或深埋。

2. 传染性肝炎

犬传染性肝炎又称"蓝眼病"，是由犬传染性肝炎病毒（腺病毒）

引起的急性败血性传染病。临床上以马鞍热、严重血凝不良、肝脏受损、角膜混油等为主要特征。健康犬通过接触被病毒污染的用具、食物等，经消化道感染发病，感染病毒后的妊娠母犬也可经胎盘将病毒传染给胎儿。

为预防传染性肝炎的发生，不能盲目由国外及外地引进犬，防止病毒传入，患病后康复的犬一定要单独饲养，最少隔离半年以上。防止本病发生的最好办法是定期给犬做健康免疫，免疫程序同犬瘟热疫苗预防。目前国内生产的灭活疫苗免疫效果较好，且能消除弱毒苗产生的一般性症状。幼犬7～8周龄第一次接种、间隔2～3周第二次接种，成年犬每年接种两次。

在发病初期用传染性肝炎高免血清治疗有一定的作用。对严重贫血的病例，采用输血疗法有一定的作用。对症治疗，静脉补葡萄糖、补液及三磷腺苷（ATP）、辅酶A对本病康复有一定作用。全身应用抗生素及碱胺类药物可防止继发感染。

对患有角膜炎的犬可用0.5%利多卡因注射液和氯霉素眼药水交替点眼。出现角膜混浊，一般认为是对病原的过敏反应，多可自然恢复。若病变发展使前眼房出血时，用3～5%碘制剂（碘化钾、碘化钠）、水杨酸制剂和钙制剂以3：3：1的比例混合静脉注射，每天一次，每次5～10毫升，3～7天为一个疗程。或肌内注射水杨酸钠，并用抗生素液点眼。注意防止紫外线刺激，不能使用糖皮质激素。

对贫血严重的犬，可输全血，间隔48小时以每千克体重17毫升，连续输血3次。为防止继发感染，结合广谱抗生素，以静脉滴注为宜。

对于表现肝炎症状的犬，可按急性肝炎进行治疗。葡醛内酯每千克体重5～8毫克肌内注射，每天一次，辅酶A50～700单位/次，稀释后静脉滴注。肌苷100～400毫克/次，口服，每天两次。核糖核酸6毫克/次，肌内注射，隔天一次，3个月为一个疗程。

3. 犬瘟热

犬瘟热是由犬瘟热病毒引起的一种高度接触性传染病。该病几乎遍及全球，主要发生于幼犬，也见于狐、狼、獾、鼬、熊、猫、浣熊、狸和水貂等动物。在城市和犬比较集中的地方，以及水貂等毛皮兽养殖场，由自然发病而引起流行。痊愈犬能终身免疫。

犬瘟病毒存在于病犬的眼、鼻分泌物和唾液、尿、粪中，可由呼吸道和消化道通过飞沫和污染物而传播。可用 3% 氢氧化钠溶液、0.75% 福尔马林溶液、0.5 ~ 0.75% 的石炭酸溶液灭杀病毒。

本病潜伏期为 3 ~ 7 日，多数犬在第 4 日开始发热。发病初期，眼、鼻出现水样分泌物，缺乏食欲，精神不振，发烧 40℃ 以上。初次体温升高两天后，能下降到近于常温，此状维持约 2 ~ 3 日，病犬似有好转，可见吃食，但 3 日后体温又出现第二次升高，这次发烧可持续数周，不食、病情恶化，可见呕吐或肺炎症状，严重病例出现泻痢，粪呈水样，恶臭，混有血和黏液。病犬后期出现萎顿、肌痛、肌痉挛、共济失调、圆圈运动、癫痫样惊和昏迷、四肢瘫痪，下颌、膀胱及直肠出现麻痹症状。出现惊厥症状的病犬常会死亡。

犬瘟热可用疫苗预防，目前有细胞培养减弱活毒疫苗、犬瘟热与犬传染肝炎联合疫苗、福尔马林灭活疫苗、鸡胚减弱活毒疫苗。用免疫血清配合抗菌药物进行对症治疗，对早期病犬有一定疗效。

4. 细小病毒病

细小病毒病又称为传染性胃肠炎，是由犬细小病毒感染引起的急性传染病。以出血性肠炎和非化脓性心肌炎为主要特征，侵害各种年龄的犬，以幼犬发病率高。如能正确治疗，则死亡率不超过20%。犬细小病毒主要由病犬的粪便、尿液、呕吐物或唾液中排出，污染周围环境，使易感犬患病，尤其在患病的第四至第七天，粪便中病毒的滴度高。本病的发生无季节性。病犬与带毒犬为主要的传染源。

本病的临床表现有出血性肠炎型和心肌炎型两种：

（1）出血性肠炎型：

潜伏期7～14天，一般先呕吐，后腹泻。病初，犬（以幼犬为主）精神差，呕吐，先吐出食物，而后吐出黏液或黄绿色液体。发病一天后开始腹泻，粪便从稀呈黄绿色，变成有多量假膜与黏液的黄色软便，最后呈酱油色（番茄汁状）腥臭的血便。

呕吐、腹泻不止，迅速脱水，不吃不喝，体温达40℃以上。此时，病犬无力，黏膜苍白，严重贫血。如不及时治疗，则因肠毒素被吸收导致休克而死亡。

（2）心肌炎型：以幼犬发生率高，突然出现呼吸困难，脉搏快而弱，黏膜苍白，几天内死亡。也有的幼犬仅见轻度腹泻后即死亡。

目前，临床上常采用犬细小病毒快速诊断试剂盒诊断，取少量粪便，40分钟内可确诊。血液检查时多见血清总蛋白下降、白细胞总数显著减少、转移酶高、脱水等。心肌炎型的，听诊有心内回流性杂音，死前心电图R波降低、S～T波升高。本病腹部触诊非常重要，幼犬患病时常发生肠套叠。

细小病毒病的防治应早期确诊，治疗效果好。按 2 毫升 / 千克体重肌内注射或皮下注射犬细小病毒单克隆抗体或者抗犬细小病毒蛋白，每疗程三次，每天一次；给予 3 ~ 7 天的犬重组干扰素 –a。对症治疗止吐、止泻、止血、消炎。静脉输液 4 ~ 7 天非常必要；如果有条件，可以进行输血。周围环境可用 2 ~ 3% 氢氧化钠溶液、10% 漂白粉液或 84 消毒液、次氯酸钠溶液消毒。预防可采用进口多联疫苗或国产多联疫苗免疫。

5. 蠕形螨病

　　犬蠕形螨病是犬蠕形螨寄生于犬的毛囊和皮脂腺内引起的一种皮肤病。犬蠕形螨是蠕形螨科螨形螨属的成员，是一种小型的寄生虫。犬蠕形螨全部发育过程都在犬体上进行，包括卵、幼虫、若虫和成虫四个发育阶段。犬蠕形螨主要寄生于犬的毛囊和皮脂腺内，也可寄生于宿主的组织和淋巴结内，并在此完成生活史，约需 24 天。雌虫产卵，孵化出 3 对足的幼虫，幼虫经蜕化成为 4 对足的若虫，最后若虫蜕化变为成虫。

　　犬蠕形螨多寄生在犬皮肤毛囊的上部，然后移行到毛囊底部，少数在皮脂腺内。本病经接触传染。大部分的幼犬身上常有蠕形螨存在，但不发病。若皮肤发炎或破损时，虫体即侵入皮肤，夺取营养，并大量繁殖，引发皮肤病。本病多发生于 5 ~ 6 月龄的幼犬。

　　在病犬的头部、眼周围及四肢内侧皮肤，可见许多红斑，患部被毛脱落，有的病例可扩展到全身。患部皮肤增厚、发红，并有许多糠皮状鳞屑，随病程发展皮肤变为红铜色。若后期继发细菌性感染，可形成广泛的出血性化脓性皮炎，皮肤病变处有浆液渗出或形成小脓疱。脓疱破溃，流出恶臭的脓汁，有结痂形成。严重病例可因贫血及中毒而死亡。

预防方法，平时注意犬舍的环境卫生，对饲具及犬舍定期消毒，防止健康犬与病犬接触。

治疗方法有如下几项：

第一，将苯甲酸苄酯 30 毫升、软肥皂 16 克、95% 酒精 50 毫升，混合均匀，涂擦患部，间隔 1 小时再涂擦 1 次，每日涂擦 1 次，连用 3 日。

第二，也可将氯化氨基汞 5 克、硫黄 10 克、石炭酸 10 克、氧化锌 20 克、淀粉 15 克、凡士林 100 克，混匀，局部涂擦，1 日 2 次，连用 3 天。

第三，用 5 ~ 10% 碘酊涂擦患部，1 日 6 ~ 8 次，也有较好的疗效。

第四，特效杀虫剂 1% 伊维菌素或阿维菌素，剂量为 0.2 毫克 / 千克体重，皮下注射，每隔 5 ~ 7 日注射 1 次，连续注射 2 ~ 3 次，一般可治愈。

第五，为杀死淋巴结中的虫体，可背部皮下注射 1% 伊维菌素注射液，剂量为 0.5 ~ 1 毫升 / 千克体重，每隔 6 月注射 1 次，共注射 2 ~ 3 次。

除驱虫外，还要注意对重症病例应用广谱抗生素，防止继发细菌性感染。

6. 疥螨病

犬疥螨病是由疥螨虫引起的犬的一种慢性寄生性皮肤病，俗称癞皮病。疥螨病多发于冬季、秋末和春初。因为这些季节光线照射不足，犬毛密而长，特别是犬舍环境卫生不好、潮湿的情况下，最适合螨虫的发育和繁殖，犬最易发病。

犬疥螨对幼犬较严重，多先起于头部、鼻梁，眼眶、耳部及胸部，然后发展到躯干和四肢。病初皮肤发红有疹状小结，表面有大量麸皮状皮屑，进而皮肤增厚、被毛脱落、表面覆盖痂皮、龟裂。病犬剧痒，不时用后肢搔抓、摩擦，当皮肤被抓破或痂皮破裂后可出血，有感染时患部可有脓性分泌物，并有臭味。由于患犬皮肤被螨虫长期慢性刺激，犬终日不停啃咬、搔抓、摩擦患部，使犬烦躁不安，影响休息和正常进食，临床可见病犬日见消瘦、营养不良，重者可导致死亡。

防治时首先将患部及周围剪毛，除去污垢和痂皮，用温肥皂水或 2% 来苏水溶液清洗患部再用药物治疗。伊维菌素按每千克体重 0.2 毫克皮下注射，间隔 7 ～ 10 天，连用 2 ～ 3 次或用 5% 氯氢碘柳胶钠注射液按每千克体重 0.1 ～ 0.15 毫升皮下或肌内注射，每周 1 次，连用 2 ～ 3 次均可收到良好的治疗效果。局部配合杀螨剂，如螨净 886、10% 的硫黄软膏、5% 溴氰菊酯乳油，用清水 1000 倍稀释，局部涂擦。

同时配合抗生素、抗过敏药物进行全身治疗，以防止继发感染。还要加强营养，补充蛋白质、微量元素和多种维生素。

经常保持犬舍清洁、干燥、通风，并搞好定期消毒工作，常给犬梳刷洗浴，以保持犬体卫生。发病期间，忌喂辛辣食品，如鸭肉、牛肉、羊肉等防止复发。

7. 脓皮病

脓皮病是敏感细菌感染引起的化脓性皮肤病，有浅表、浅层和深层之分。皮褶多的犬易发病。代谢紊乱、免疫缺陷、内分泌失调和各种变态反应性疾病，均可促进本病的发生。

临床症状以丘疹、毛囊性脓疱、蜀黍性红斑颈等浅表性化脓性皮炎为特征。深部脓皮病常局限于面部、腿部和趾（指）间等部位，也可能是全身性的。幼犬（皮肤脂质层不足）脓皮病以浅层脓皮症及蜂窝织炎为主。常见于皮褶多的犬种，如北京犬、藏獒、德国牧羊犬、巴哥犬、斗牛犬、腊肠犬和可卡犬等。局部淋巴结肿大，耳、眼和口腔周围水肿、脓肿和脱毛。

临床上以表皮脓疱疹、皮肤皲裂、毛囊炎（包括疖或痈）和干性脓皮病为主。

治疗时外用抗菌止痒喷剂，每天 2～4 次，连用 7～14 天；外用聚维酮碘膏有效；口服或者注射头孢类药物、喹诺酮类药物有效，一般在症状消失后再用抗菌药物 7 天。

根据病原分离和药敏试验结果，选择全身应用抗生素。

重点提示

脓皮病如非细菌性感染，可应用大剂量的皮质类固醇（强的松或强的松龙），病初用 1 毫克/千克体重，2 次/天，30天内逐渐减少药量并停药，同时使用抗生素。顽固性或复发性的脓皮病，必须找到病因后对症治疗。由于多数葡萄球菌能够产生青霉素酶，所以选择抗生素时应使用确实有效的药物，并按照顺序用药。

8. 耳螨病

耳螨病由犬耳痒螨引起，为直接接触传染。耳痒螨生活在外耳道，整个生活史需要 18 ～ 28 天，引起耳部瘙痒等一系列症状。

耳痒螨靠刺破皮肤吸吮淋巴液和渗出液为生，使耳道内出现褐色渗出物，有时有鳞状痂皮。继发细菌感染后，病变可深入到中耳、内耳及脑膜等处。患犬因耳部瘙痒抓挠而造成伤口，渗出液在耳壳上结痂，耳部肿厚。病犬常摇头、不安。

早期感染是双侧性的，进一步发展为整个耳廓广泛性感染，鳞屑明显，角化过度。

虽然犬耳痒螨常侵害外耳道，但也可引起犬耳和尾尖部的瘙痒性皮炎。

用耳镜检查耳道，可以发现细小的、白色或肉色的犬耳痒螨在暗褐色的渗出物上运动。在低倍镜下检查渗出物，可以确诊犬耳痒螨的存在。

治疗时需清洁耳道，耳内滴注杀螨剂（伊维菌素），或涂擦灭螨药，皮下注射伊维菌素。若继发细菌感染引起中耳炎，应使用抗生素。

9. 皮肤真菌病

皮肤真菌病又称体癣，由真菌感染皮肤、毛发和爪甲后患病。本病为接触性感染，人畜共患，幼龄、衰老、瘦弱及免疫缺陷者易感染。真菌在失活的角质组织中生长，当感染扩散到活组织细胞时立即扩散，

一般病程为1～3个月。多为良性，常自行消退。

犬皮肤真菌病的传播主要是通过动物间的互相接触，或通过污染的物体而传播。在养犬数量较多且较密集的情况下，也可通过空气传播。体外寄生虫，如虱、蚤、蝇、螨等在传播上也有重要作用。

临床症状常表现为断毛、掉毛或出现圆形脱毛区，皮屑较多。也有不脱毛、无皮屑但患部有丘疹、脓疱，或者脱毛区有皮肤隆起、发红、结节化的病症，为急性真菌感染或存在细菌性感染所致，称为脓癣。它与周围界限明显，也可能与局部过敏反应有关。

对于典型病例，根据临床症状即可确诊。轻症病例，症状不明显，须取病料检查，即自病变与健康皮肤交界处用外科刀或镊子刮取些毛根和鳞屑，做显微镜检查。

关于皮肤真菌传染要搞好预防，注重犬皮肤的清洁卫生，经常检查被毛有无癣斑和鳞屑。加强对犬的管理，避免与病犬接触。

发现病犬要及时隔离，治疗可用灰黄霉素25～50毫克/千克体重，分2～3次内服，连服3～5周，对本病有很好的疗效。在用全身疗法的同时，患部剪毛，涂制霉菌素或多聚醛制霉菌素钠软膏，可使患犬在2～4周内痊愈。

在治疗的同时，应特别注意犬舍器具、犬的桩柱等的消毒。2～3%氢氧化钠溶液、5～10%漂白粉溶液、1%过氧乙酸、0.5%洗必泰溶液等，都有很好的杀灭真菌的效果，均可选用。

10. 蛔虫病

蛔虫可以感染幼年犬和成年犬。病原主要有两种：犬弓首蛔虫和狮弓首蛔虫。以犬弓首蛔虫最为严重，其幼虫不仅能在体内移行，还能引起幼犬的死亡。狮弓首蛔虫多寄生于成年犬，有时在猫体内也可寄生。

犬弓首蛔虫寄生在犬的小肠中，白色，一般通过胎盘感染，但由于可通过子宫感染，所以即使做剖宫产的幼犬也能被感染。3～5周龄幼犬可因食入虫卵而感染，卵孵出幼虫，移行至肺部，之后进入肠道，发育至成虫并产卵；然后，感染性虫卵被成犬吞食后，孵出的幼虫穿过小肠黏膜，移行至肝、肺、肌肉、结缔组织、肾及其他组织中，并停留在这些组织中呈休眠状态。6周龄以上的犬食入虫卵后，幼虫移行至机体组织内不再发育。母犬妊娠后，在激素的影响下，这些休眠的幼虫被激活，移行进入发育中的胎儿体内。幼犬出生后1周龄，可在肠道内发现蛔虫。

狮弓首蛔虫寄生于犬小肠中。犬因食入虫卵而感染。

幼犬感染蛔虫后，主要表现营养不良，生长慢，被毛无光泽。幼犬可能吐出蛔虫，但在粪便中常常查不到蛔虫。

在患病初期，幼虫移行引起肝脏损害（脂肪变性）、继发性肺炎、腹膜炎及腹水（严重时）。在小肠内寄生，则引起犬（主要是幼犬）呕吐、腹泻，或腹泻与便秘交替发生，贫血，腹胀，粪中带黏液。有时可见虫体从肛门中排出。

治疗时可用伊维菌素或多拉菌素皮下注射，1次0.2毫升/千克体重。内虫清片剂、体虫清片剂、拜宠清片剂、爱沃克等均有效。传统药物如阿苯达唑（丙硫苯咪唑）、左旋咪唑、柠檬酸哌嗪、噻苯咪唑、甲苯咪唑、噻嘧啶、氯丁烷等药物，均可用于驱蛔虫。

因地面上的虫卵和母犬体内的幼虫是主要传染源，如果自妊娠40天至产后14天，每天给予母犬阿苯达唑，可大大降低围产期的传播。

幼犬出生后2周即可以接受驱虫治疗，最理想的办法是每隔2～3周驱虫1次，直至3月龄，同时要给母犬驱虫，常用内虫清或者拜宠清。

由于虫卵可附于动物的毛、皮肤、爪子表面及土壤与尘埃中，因此养犬者应注意个人卫生。

11. 感冒

感冒是急性上呼吸道炎症的总称，临床上以流鼻涕、呼吸急促、体温升高为主要特征。本病没有明显的季节性，以早春、晚秋气候骤变的季节多发。

如果对犬饲养管理不当，突然遭受寒冷刺激是引起本病的主要原因。冬季防寒措施不力，犬受到贼风侵袭而发病；圈养犬突然在寒冷条件下露宿；犬在剧烈活动后受到冷风或雨淋均可发病；犬舍潮湿阴冷，也易发生感冒。

临床病犬表现精神不振，食欲减少或废绝，体温升高，恶寒颤栗，耳尖、四肢末端发凉，呼吸加快；眼结膜潮红，羞明流泪，有时轻度

重点提示

对本病的预防，平时要加强饲养管理，犬舍应阳光充足、通风良好，能防寒保暖，防止雨淋。对本病的治疗以解热镇痛、祛风散寒、防止继发感染为基本治疗原则。可皮下或肌内注射复方氨基比林或乙酰氨基酚等。

肿胀，起初流浆液性鼻涕，逐渐变为黏液性或脓性鼻涕。有的病例鼻膜出现糜烂或溃疡，鼻黏膜高度肿胀以致鼻腔狭窄，引起呼吸困难；听诊肺部，肺泡呼吸音增强，心跳加快。治疗及时，病犬可很快痊愈，治疗不及时可继发支气管炎或支气管肺炎。